LES GRANDS MAITRES DE L'ARBORICULTURE

1916

EXPOSÉ CRITIQUE

DU

TRAITEMENT DE LA BRANCHE A FRUIT

DU POIRIER ET DU POMMIER

D'après les Auteurs les plus en renom

PAR

L'Abbé LEFÈVRE

HAROUÉ (Meurthe-et-Moselle)
Chez l'Éditeur
A l'Orphelinat agricole

NANCY
Chez les
Principaux Libraires

1890

LES GRANDS MAITRES DE L'ARBORICULTURE

———

EXPOSÉ CRITIQUE

DU

TRAITEMENT DE LA BRANCHE A FRUIT

DU POIRIER ET DU POMMIER

D'après les Auteurs les plus en renom

PAR

L'Abbé LEFÈVRE

HAROUÉ (Meurthe-et-Moselle)
Chez l'Editeur
A l'Orphelinat agricole

NANCY
Chez les
Principaux Libraires

1890

PRÉFACE DE L'ÉDITEUR

Il faut que l'unité se fasse en Horticulture sur la question du *Traitement rationnel de la branche à fruit du poirier et du pommier*, comme elle s'est déjà faite sur diverses méthodes très importantes.

Nous croyons que personne n'y aura plus contribué que le savant et regretté abbé Lefèvre ; ce sera son œuvre spéciale, son mérite particulier, la trace qu'il laissera dans la science horticole de ce siècle.

Il étudia et pratiqua cette question pendant plus de quarante ans, observant la nature avec une attention profonde et toutes les ressources d'un esprit très cultivé et vraiment supérieur: toute son expérience passa dans son *Traité sur la culture des arbres fruitiers*.

Mais il voulut la poursuivre plus avant, si c'était possible ; il savait que dans la littérature horticole de notre pays il y avait des trésors presque inconnus et en quelque sorte inaccessibles au public ; il entreprit de les faire connaître et ce fut le travail des dernières années de sa vie. La mort le surprit au moment où il achevait les derniers chapitres de l'ouvrage. C'est toute la science de l'arboriculture depuis trois cents ans, c'en est surtout la question fondamentale, celle qui est le but de tous les autres travaux, *la mise à fruit des arbres*, résumée avec une sagacité, une clarté et un enchaînement logique vraiment remarquables.

On y trouvera les doctrines des Olivier de Serre, des abbé Legendre, la Quintinie, Duhamel, abbé Schabol, Lelieur, d'Albret et aussi de nos principaux auteurs contemporains avec cette force de raisonnement, cette critique sûre qui faisait vraiment de l'abbé Lefèvre l'émule de ces grands arboriculteurs, on serait tenté de dire, de ces grands hommes, avec le style suranné en moins et cesformes obscures dont les premières doctrines horticoles étaient encore enveloppées.

Je n'ai d'autre titre pour présenter cet ouvrage au public que mon souvenir fidèle et mon respectueux attachement pour la mémoire de M. l'abbé Lefèvre, ainsi que le désir qu'il m'en a exprimé dans les derniers jours de sa vie en me confiant cette mission d'ami et de disciple, mais je crois que c'est un service que je rends à la cause de l'Horticulture.

L'abbé HARMAND

Directeur de l'Orphelinat agricole
de Haroué (M.-et-M.)

AVANT-PROPOS

Aimez qu'on vous conseille et non
pas qu'on vous loue.

Si ancienne que soit la culture du poirier
et du pommier à haute tige, celle des arbres
soumis à la taille est de date relativement
très récente.

La taille a deux buts : 1° la création de la
charpente ; 2° la formation et la conservation des productions fruitières sur les branches charpentières.

De ces deux buts, le premier a son importance ; mais ce n'est toutefois qu'une importance
secondaire. Car, ce que l'arboriculture re-
cherche, c'est le produit ; or, ce qui importe
le plus au produit, c'est, avec la vigueur de
l'arbre, le nombre et la vitalité des productions fruitières.

Nos pères laissaient à la nature le soin de les former. De nos jours, les maîtres en arboriculture ont commencé ce que j'appelle *l'éducation du bouton à fruit*, c'est-à-dire la transformation en boutons à fruit, des boutons à bois situés sur les rameaux forts autrefois sacrifiés par la taille à l'épaisseur d'un écu, et celle des boutons des rameaux faibles pour les obtenir beaucoup plus près de la branche-mère que la nature ne les eût d'abord donnés.

L'éducation du bouton à fruit est une science de fraîche date. Ainsi s'expliquent la variété et la multiplicité des systèmes et le manque d'unité dans les méthodes. Aucune n'est parfaite. Chacun estime la sienne meilleure que celle du prochain dont il a reconnu les défauts, et, l'amour-propre aidant, il s'y attache sans vouloir la modifier.

La diversité des méthodes est un grand obstacle aux progrès de l'arboriculture. L'unité tend à se faire, disait l'an dernier un bulletin de la Société centrale d'horticulture de France. Je doute que nous la voyions de sitôt réalisée.

Il faudrait, pour qu'elle se fît promptement, un essai comparé des principaux systèmes, dans un même jardin, sur des arbres de même espèce placés dans des conditions identiques. Cet essai aura-t-il lieu ? Je le désire, et, pour le faciliter aux amateurs, je vais leur soumettre un exposé critique du traitement de la branche à fruit du poirier et du pommier d'après les auteurs anciens et les auteurs modernes les plus en renom.

Cet exposé sera aussi complet que me le permettent les ouvrages dont je dispose. Il renfermera certainement quelques lacunes. Cependant, il suffira, je le crois, pour permettre aux arboriculteurs de suivre les progrès de la science et de discerner, entre les méthodes, celle qui est la plus rationnelle.

⁓⁓⁓

Il y a eu, dans la culture des arbres fruitiers, trois époques bien distinctes.

Dans la première, les arboriculteurs bornèrent leurs soins à la formation et à la conservation des arbres, sans s'occuper directement de leur mise à fruit.

Dans la seconde, ils firent naître des rameaux à fruits sur les branches charpentières, mais ils laissèrent la nature produire et entretenir sur eux les boutons fructifères,

Dans la troisième, l'époque actuelle, ils élèvent à la base de tous les rameaux des boutons à fruit, et couvrent ainsi les branches de productions fécondes et durables.

Mon travail sera divisé en trois parties correspondantes à chacune de ces époques.

La première partie dira ce qu'étaient les arbres fruitiers *avant l'invention de la taille proprement dite.*

La seconde partie exposera les procédés

à l'aide desquelles s'obtenait la *formation des branches fruitières*.

La troisiéme traitera des opérations dont l'ensemble compose l'*éducation du bouton à fruit*.

EXPOSÉ CRITIQUE

DU

TRAITEMENT DE LA BRANCHE A FRUIT

DU POIRIER ET DU POMMIER

d'après les auteurs anciens et les auteurs
modernes les plus en renom.

PREMIÈRE PARTIE

LES ARBRES FRUITIERS

AVANT L'INVENTION DE LA TAILLE

———◆━❋━◆———

C'était l'âge d'or pour les arbres fruitiers. L'arboriculteur ne leur supprimait pas
la tige pour les réduire à l'état de nains, il
respectait leurs formes naturelles et il per-
mettait à leurs branches de s'étendre indéfiniment dans l'immensité du *verger*.

Je parlerai : 1° du verger du temps de
Romains ; 2° du verger au XVIᵉ siècle.

§ 1er. — *Le verger du temps des Romains.*

Je lis dans une brochure aussi intéressante qu'instructive , *l'horticulture du temps des Romains*, dont l'auteur, M. Ch. Chevalier , bibliothécaire de la Société d'horticulture de Seine-et-Oise, a eu la gracieuseté de me faire hommage, qu'à Rome le jardin fruitier n'existait pas.

Le jardin proprement dit — *hortus* — était toujours une dépendance d'un domaine rural, d'une métairie. On y cultivait quelques fleurs, des plantes aromatiques et surtout des légumes pour la table du maître et la nourriture de ses esclaves.

Un grand verger, destiné spécialement à la culture des fruits, était souvent annexé à ce jardin. Il était reconnu que la culture des arbres fruitiers procurait l'un des meilleurs produits agricoles.

Les arbres fruitiers étaient multipliés soit par semis, soit par boutures, soit par marcottes.

Ils recevaient, à la fin de l'automne ou au printemps, une taille semblable à celle que nous donnons à nos arbres du verger, c'est-à-dire que l'on supprimait les branches mal placées, celles qui faisaient confusion et les branches mortes ou malades ; on supprimait aussi les branches du centre de l'arbre, et on disposait celles qui étaient réservées de manière à les étaler à peu près régulièrement. Lorsque la branche d'un arbre était coupée à la scie, on avait soin de la ragréer avec là serpette et de recouvrir la plaie d'un enduit.

La taille, à cette époque, n'avait pas pour but de donner une forme quelconque à l'arbre, ni de provoquer la fertilité, mais principalement de le débarrasser du bois mort et des branches inutiles. Le seul moyen employé, lorsqu'un arbre était infertile, consistait à le fendre au-dessus du collet et à introduire dans la fente un coin de bois résineux. Ce moyen empirique réussissait-il ? nous n'osons l'affirmer.

Les Romains cultivaient trente variétés de pommes, dont quelques-unes venaient de la Gaule, et de nombreuses variétés de poires dont les noms sont complètement inconnus aujourd'hui.

De ces détails, textuellement extraits de la brochure de M. Chevalier, il résulte que les Romains ne cultivaient que les arbres à haute tige. Mais ils les cultivaient bien, et, après deux mille ans, bon nombre de nos arboriculteurs auraient grand profit à retourner à leur école.

§ 2. — *Le verger au XVIe siècle.*

Jusqu'au 17e siècle, on ne connut que le verger. Les espaliers, il est vrai, et avec eux la mutilation des arbres, avaient fait leur apparition ; mais les espaliers d'alors n'étaient que de véritables haies.

A la fin du XVIe siècle, l'an 1600, parut un ouvrage très remarquable, le *Théâtre d'agriculture*, gros volume in-folio, d'environ 1000 pages, dans lequel l'auteur, Olivier de Serres, seigneur du Pradel, avait réuni tout ce que sa longue expérience et sa vaste érudition lui avaient appris sur l'agriculture.

Soixante-cinq ans auparavant, en 1535, Charles Estienne avait publié sur les jardins un ouvrage qu'il joignit, en 1554, à d'autres brochures pour composer son *Prædium rusticum*. Quelques années après, il en prépara une traduction française sous ce titre : *Agriculture et maison rustique* de Charles Estienne. Mais il mourut avant de la publier, et elle ne parut qu'en 1567 ou en 1574, augmentée, ou plutôt « gâtée » dit la Biographie de Michaud, par les additions de son gendre Liébaut.

On y trouve, écrit le C. Grégoire, dans son *extrait historique sur l'état de l'agriculture en Europe au XVI* siècle*, une foule d'inepties. Celle-ci, par exemple, empruntée à d'anciens auteurs, et depuis répétée par d'autres : pour faire crever les chenilles sur les choux, il suffit de faire promener dans les carrés une femme échevelée, les pieds nus.

La *Maison rustique*, peu connue d'abord, devint plus tard en grande faveur, grâce aux contes dont elle fourmille.

Olivier de Serres reproduisit dans son *Théâtre* quelques-unes des recettes très hasardées de Liébaut, comme aussi, nous devons le supposer, tous les renseignements utiles contenus dans le traité de Charles Estienne.

Né en 1539, Olivier de Serres avait 61 ans quand il publia son *Théâtre d'agriculture*, dont la huitième édition parut en 1619, l'année même de sa mort.

Il le divisa en huit *lieux* ou livres. Le huitième lieu est consacré à l'horticulture, les onze derniers chapitres traitent de l'arboriculture.

Le chapitre XVI parle du jardin fruitier ou verger en général, car ces expressions sont encore synonymes. Le XVIIe a pour objet les pépinières où se font les semis ; le XVIIIe, la bastadière, où le plan, mis à l'âge de 15 ou 16 mois, est greffé, et même surgreffé « pour faire rapporter des fruits très précieux », et, lorsqu'il a la grosseur du bras d'un homme, arraché pour être planté au verger ou ailleurs.

Le chapitre XIX traite : 1° de la déplantation qu'il conseille de faire avec le plus grand soin, « sans épargner ni la dépense, « ni la peine requise, ni la patience néces- « saire en cette action » ; 2° de la planta- « tion « à laquelle la présence du maître est « nécessaire ».

Ces chapitres sont parfaitement traités, et, n'étaient une recette enfantine, ainsi qu'une opération peu justifiée, on ne trouverait rien de mieux dans les auteurs modernes les plus complets.

Voici la recette : au lieu de faire tremper les graines ou les noyaux trois ou quatre jours dans l'eau avant la plantation, il faut, au lieu d'eau, se servir, dit-il, « de précieu- « ses liqueurs parfumées à l'usage des pou-

« pons, afin d'augmenter le goût et l'odeur
« des fruits ».

Quant à l'opération, elle consiste à « éte-
« ter les arbres que l'on plante, sans leur
« laisser en la fourchure que des chicots
« longs comme les doigts », afin que les vents
« n'ayant aucune prise sur eux, les racines
« s'agraffent plus facilement en terre et que
« la reprise soit plus complète ».

Il importe, en effet, de protéger l'arbre
nouvellement planté contre la fureur des
vents, mais, pour cela, un tuteur suffit et
permet de conserver la majeure partie des
branches aux arbres arrachés avec soin et
replantés avec presque toutes leurs racines.

La greffe en général et les diverses manières de l'opérer occupent quatre chapitres.

Dans un chapitre spécial, l'auteur donne
des indications justes, mais trop peu nombreuses, sur chaque espèce de fruits en
particulier. Ainsi, pour le poirier et le pommier, il se borne à dire les sujets sur lesquels on peut les greffer, savoir : poirier,
pommier, cognassier et aubépine ; à donner
les noms des variétés connues, 47 pour les
pommes et 64 pour les poires ; ainsi que la
manière de les cueillir et de les conserver.
Ce qui concerne la culture et la taille est
renvoyé au XXVIIᵉ et dernier chapitre :
« *Du gouvernement général des arbres*
« *fruitiers* ».

Olivier de Serres recommande de labourer et de fumer la terre, d'ébrancher les ar-

bres et de les arroser à propos et à temps.
Puis, rappelant cet antique proverbe de Columelle au sujet des oliviers : « qui les la-
« boure, les prie ; qui les fume les supplie ;
« qui les ébranche les contraint », il ajoute
« l'arrosement venant par-dessus et oppor-
« tunément distribué, ôte aux arbres toute
« excuse de fructifier. ».

De toutes ces opérations, « la conduite du
« branchage est la plus importante. C'est
« où gît la plus subtile maîtrise de leur
« gouvernement. »

Il veut que : 1°, chaque année, de mars à
la fin de mai :

On EMUNDE, c'est à dire, on ôte le bois
mort ou rompu ;

On ELAGUE les branches inutiles ou nuisibles, celles qui sont pendantes ou cour-
bées, qui se croisent dans l'arbre, ou dont
la cîme dépasse les autres « afin que l'ar-
« bre bien façonné, représente bien à la
« vue, et, débarrassé des empêchements,
« puisse gaiement fructifier ».

Ces opérations se feront aussi très utilement aussitôt la cueillette des fruits afin
d'utiliser la dernière sève pour la préparation de la récolte future.

2° Quand l'arbre est épuisé, « qu'on le
voit succomber », on ETÊTE, c'est à dire, on
coupe toutes les branches, ensuite on les
regreffe, dût-on le faire avec la même
espèce, afin de leur rendre une nouvelle vie.

Emunder, élaguer, étêter, débarrasser les
arbres des parasites animaux ou végétaux
qui les dévorent : tels sont les soins que ré-

clame, pour le verger, celui que plusieurs
ont nommé le patriarche ou le père de
l'agriculture en France.

Afin de dompter les arbres rebelles à la
fructification par excès de vigueur, il n'emploie pas, comme les Romains, le coin de
sapin enfoncé dans le tronc fendu au-dessus du collet de la racine, mais il donne
« un secret digne d'admiration », auquel,
je l'avoue, je n'ai aucune confiance.

Ce secret consiste à couper la cîme des
branches ou des rameaux de l'arbre jeune
ou vieux qui n'a jamais porté. « Mais, dit-
« il, c'est sous l'étroite observation du der-
« nier jour de la lune finissant en janvier,
« que seul il convient employer en cette
« action, sans s'y dispenser ». Le dernier jour
de la lune de janvier donc, l'arbre sera
« universellement tondu en toutes ses bran-
« ches, coupant tant ou si peu que la bien-
« séance de l'arbre le permettra ». Vous
laisserez, ajoute-t-il, ensuite agir la
nature, et, au printemps suivant, elle vous
prouvera là vertu du secret par les fleurs et
ensuite par les fruits dont l'arbre sera couvert.

Enfin, pour prouver que c'est au secret
seul qu'il faut attribuer cette mise à fruit,
Olivier de Serres continue ainsi : « Ne ro-
« gnez qu'une portion de l'arbre, la moitié,
« le tiers ou le quart, et vous verrez que la
« partie rognée sera seule fleurie, le reste
« de l'arbre n'ayant aucune fleur ».

Enfin il affirme, qu'à son exemple, plusieurs de ses amis ont employé « cet exquis

« et utile jardinement avec beaucoup de
« plaisir ».

Nonobstant ce plaisir, le secret digne
d'admiration descendit dans la tombe avec
son inventeur. Il y dormit près de trois siècles, puis il en sortit tout rajeuni et plus
merveilleux encore.

Ce fut en 1877. Le 18 juin, la commission
de visite de la Société centrale d'horticulture de Nancy, trouva dans un jardin d'immenses pyramides de 12 ans, vigoureuses
et régulières. Or, écrit M. le rapporteur,
» en raccourcissant, *cette année*, de 0ᵐ 50
« les branches charpentières, le jardinier a
» réussi à les regarnir de haut en bas d'in-
« nombrables boutons à fruit ». (Bulletin
du 1ᵉʳ août 1877, page 62).

Olivier de Serres était moins heureux. Il
n'obtenait la mise à fruit que l'année suivante et sous l'étroite observation du dernier jour de la lune finissant en janvier. A
Nancy, le secret avait opéré en trois mois,
sans jour déterminé. Aussi, ce résultat fut-
il pour la Commission « une surprise ».
Quant au jardinier, je me suis laissé dire que,
lorsqu'en octobre il vint pour recueillir
les fruits, il ne trouva sur ses pyramides
que... des bourgeons.

Ces faits, et d'autres du même genre que
je citerai dans la suite, prouvent deux choses :

La première, qu'on peut être arboriculteur éminent et cependant avoir des illu-
sions.

La seconde, qu'il ne faut point admettre

les assertions des auteurs, si célèbres qu'ils soient, sans les vérifier et les contrôler.

Olivier de Serres, au chapitre XXe, traite de l'Espalier ou Palissage.

Il en énumère les avantages. L'espalier, dit il, donne ses fruits plus tôt que le verger, les fruits sont plus beaux, plus abondants sur un terrain de moindre étendue. « Un arpent de terre, employé en espalier, « rapporte plus de fruits que trois en verger « ordinaire ».

Ces Espaliers, de date encore récente, n'étaient que de véritables haies de 4 à 10 pieds d'élévation sur 1 à 3 pieds d'épaisseur. Ils étaient formés d'arbres fruitiers s'entre-croisant les uns les autres, plantés, sans distinction d'espèces, à un pied ou à un pied et demi de distance.

La charpente de ces haies était faite de pieux bien droits reliés par des perches horizontales. De là, leur est venu le nom d'*Espalier*.

Les plantations rapprochées de nos contre-espaliers ne sont qu'un perfectionnement des espaliers anciens. C'est donc bien à tort qu'on les dit une invention moderne. Leurs partisans prétendent que les cordons ont sur les arbres à grandes formes les mêmes avantages qu'Olivier de Serres attribue aux espaliers sur les arbres du verger Est-ce avec plus de raison ?

Les espaliers servaient de séparation aux diverses parties du jardin, « ils divisaient « le potager d'avec le bouquetier, le médi- « cinal d'avec le fruitier. » On les accommodait contre les murs pour en orner la nudité. On en formait des lignes, des allées droites ou courbes, distantes de 12 à 15 pieds, des figures de toutes façons où « pa- « raissait une gaie et perpétuelle tapisserie, « couverte au printemps de fleurs, en été « et en automne de fruits enrichis de ver- « dure. Ne sont, ces arbres-ci, vides de « beauté, ajoute Olivier de Serres, quand « leur branchage nu, entrelassé par art « mesuré, s'agence avec grande grâce ».

Leur mode de culture était tout élémen- taire.

L'arbre, aussitôt la plantation, était taillé à 0 m. 40, « afin que tant mieux s'affermis- « sent les racines que moins on leur don - « nerait de bois à nourrir ». C'était une des erreurs d'alors de croire que moins l'ar- bre, nouvellement planté, conservait de branches, plus il poussait de racines.

L'année suivante, l'arbre était rabattu et greffé. On conservait toutes les pousses que l'on pouvait attacher sur la perche infé- rieure, sans les trop entasser les unes sur les autres, et on les laissait croître libre- ment.

La troisième année, « on faisait jouer la « serpe, coupant du branchage des greffes « tout ce qui s'écartait dedans et dehors « l'allée, afin de contraindre les arbres à « fournir la barrière selon l'ordonnance de « l'Espalier ».

Les années suivantes, mêmes opérations à la taille d'hiver jusqu'à ce que la cîme attei- gnît sa hauteur fixée. On coupait alors tous les sommets.

Enfin, quand l'espalier était épuisé, on le recepait et on le regreffait pour le rajeunir.

Dans ces conditions, l'espalier était-il réellement un progrès ?

Je ne le pense pas. Le verger était l'âge d'or pour les arbres fruitiers. Avec l'espalier commença l'âge de fer, âge de mutilations, de tortures, aussi nuisibles aux arbres qu'à leurs propriétaires quand une main intelligente et habile ne manie pas les instruments.

Or, à la fin du XVIᵉ siècle, dit un auteur contemporain, « toute la science des arbo» riculteurs consistait à déformer les ar» bres, à les torturer et à les martyriser »

La culture du poirier était donc restée presque stationnaire depuis les Romains.

DEUXIÈME PARTIE

Formation des branches fruitières.

C'est du XVIIe siècle que date le jardin fruitier. Les arbres y sont soumis à des formes peu nombreuses, il est vrai, mais très rationnelles ; leur taille est raisonnée. On ne fait point encore l'éducation du bouton à fruit, mais on forme la branche à fruit.

Au milieu du siècle, parurent trois ouvrages très intéressants : le *Jardinier français* de Nicolas Bonnefons en 1651 ; le *Traité sur la manière de cultiver les arbres fruitiers* de l'abbé Le Gendre, en 1652 ; et l'*Instruction pour les jardins fruitiers* de Triquet en 1653.

« Ces trois ouvrages, qui parurent coup
« sur coup et qui sont isolés comme celui
« de La Quintinie, c'est à dire ne se citant
« pas mutuellement, sont également
« recommandables sous tous les rapports.

2

« Mais ils se recommandent surtout par la
« précision avec laquelle ils fondent les
« principes de la culture des arbres, tirés
« de l'observation de la nature : aussi, ont-
« ils devancé La Quintinie sur presque tous
» les points et ils ont laissé peu de chose à
« dire aux auteurs les plus récents. » (*Biographie universelle, ancienne et moderne*
de Michaud, Paris, 1823).

De ces trois ouvrages, je n'ai pu me procurer que le traité de l'abbé Le Gendre,
réimprimé, en 1879, à Rouen, chez Léon
Deshays, par le D* Emm. Blanche, Professeur d'histoire naturelle à l'Ecole de médecine de Rouen. J'en donnerai l'analyse dans
un premier chapitre.

Vers la fin du siècle, en 1690, l'abbé de
La Quintinie publia *les instructions pour
les jardins fruitiers et potagers*, du feu
sieur de La Quintinie, son père, décédé deux
ans auparavant.

Le plus bel éloge que je puisse faire des
Instructions de La Quintinie, sera de les
citer longuement, dans un second chapitre.

Un troisième chapitre sera consacré à
Duhamel, un quatrième, fera connaître les
principaux auteurs qui écrivirent au 18ᵉ
siècle et au commencement du 19ᵉ.

CHAPITRE 1er.

L'abbé Le Gendre, curé d'Enonville. 1652.

§ 1. — *Son amour pour l'arboriculture.*

L'abbé Le Gendre aima les arbres dès sa
jeunesse, et son amour pour eux fut un amour
constant. Il en donne lui-même la raison.
« Nostre Agriculture a cela de singulier,
« que ceux qui l'ont vne fois aimée ne
« l'abandonnent jamais ; mais au contraire
« ils s'y plaisent beaucoup dauantage dans
« la suitte des années.... Tous les autres
« plaisirs s'éuanouissent, ou au moins se di-
« minuënt auec le temps, mais l'affection
« que l'on a prise vne fois pour les arbres
« augmente tousjours auec eux.

« L'expérience m'a fait connoistre cette
« verité, en ma propre personne, car ayant
« desja passé presque tous les âges et étant
« maintenant entré dans la vieillesse , j'ay
« reconnu que cette inclination que j'ay euë
« dés mon enfance , s'est tousjours aug-
« mentée en moi par la suite des années ».
La culture des arbres est, selon l'abbé Le
Gendre, le plus innocent et le moins coû-
teux des divertissements. Si cette culture
exige de la peine, cette peine a des charmes

secrets qui attachent le jardinier à son travail. Aussi voudrait-il que tous les propriétaires fussent capables de cultiver leurs
arbres, ou du moins de connaître si ceux
qu'ils emploient s'en acquittent dignement.
« Car en vain, dit-il, un maistre cherche de
« bons Iardiniers, s'il n'est capable de juger
« de leur suffisance ; et outre qu'il ne mé-
« rite pas de posséder ces biens champêtres
« puisqu'il ne les sçait pas gouster, il est
« presque impossible qu'il soit bien servi
« quand il ne peut savoir si ceux qui le
« servent font bien ou mal ».

Ce fut après une expérience de près de
cinquante années, pendant lesquelles il
donna à la culture des arbres tout le temps
« qu'il crut pouvoir prendre pour son diver-
« tissement » que le curé d'Enonville composa le *traité sur la manière de cultiver
les arbres fruitiers.*

§ 2. — *L'état où se trouvait l'arbori-
culture.*

Dans la préface de son traité, l'abbé Le
Gendre raconte que, dans sa jeunesse, la
curiosité le portait à visiter les jardins qui
étaient en réputation et à fréquenter ceux
qui avaient de beaux fruits et voulaient
passer pour habiles.

« Je voyais, dès ce temps-là, quelques
« grands arbres assez bien tenus ; mais
« pour toutes les autres sortes de plants qui
« ont maintenant plus d'estime et de succés,

« je ne pouuais les regarder sans en auoir
« compas ion. Ceux qui se meslaient d'en
« planter le long des murailles, les met-
« taient auec la mesme confusion, que s'ils
« eussent planté des hayes d'espine ; et,
« quand ils commençaient à s'éleuer, les
« vns les tondaient auec le croissant comme
« on tond les palissades de charmes, les
« autres les laissaient venir en liberté, en
« sorte que, le feste excedent incontinent
« la muraille, il n'y auait plus que le tronc
« qui fust à l'abry, et toutes les branches
« qui rapportent du fruit n'en receuaient
« aucun auantage.

« Les Iardiniers qui vouloient passer pour
« habiles dans les lieux les plus curieux,
« traittoient encore d'une manière bien plus
« outrageuse leurs arbres nains, qu'on pou-
« uait appeller des monstres plustost que
« des nains ; car, ils leur donnoient mille
« postures extrauagantes et leur faisoient
« représenter toutes sortes d'animaux d'vne
« manière entierement ridicule. »

§ 3. — *Les progrès que, grâce à lui, l'arboriculture a réalisés.*

1° Progrès dans les formes.

Le bon abbé nous dit toute la compassion
qu'il éprouva pour ces « estropiez qui gemis-
« saient sous la tyrannie de leurs maistres
« et sembloient se plaindre à lui de leur
« cruauté ». Il appliqua aux arbres une
culture rationnelle, aussi put-il se vanter

avec raison « d'auoir esté vn des premiers
« qui ait recherché auec application la véri-
« table methode pour faire reüssir les arbres
« particulièrement en espallier et en buis-
« son. »

Les espaliers avaient à cette époque
leurs détracteurs qui « voulaient faire passer
« cette manière de planter pour vne nou-
« ueauté qui n'a rien qui mérite les
« dépenses qu'on y fait ». Cette objection
n'était pas sans valeur tant que les espaliers
restèrent ce qu'ils furent dans le principe.
Mais l'abbé Le Gendre les avait transformés.

« En quoy, dit-il, j'ay esté beaucoup aidé
« par l'inuention de greffer sur le coignas-
« sier, pouuant dire que j'ay esté vn des
« premiers qui les ait mis en vogue, et qui
« en ait reconnu le profit et la commodité. ».
Aussi, est-ce à bon droit qu'il leur attribue
tous les avantages que nous leur recon-
naissons aujourd'hui.

2° Progrès dans la culture.

Quant à la culture des arbres, il donne
sur les différentes espèces de fruits, sur les
expositions qui leur conviennent, sur l'ordre
et les distances à observer dans les plantations, sur la manière de bien planter et de
bien entretenir les arbres, sur celle d'avoir
de beaux fruits, des indications extrême-
ment judicieuses, dont volontiers les auteurs
modernes s'attribueraient l'invention et le
mérite.

La taille forme, avec le palissage, le sujet
d'un chapitre particulier.

« La science de bien tailler et palisser
« les arbres, dit-il, soit en espallier, contre-
« espallier, ou en buisson, est celle qui leur
« est la plus importante, d'autant que toute
« leur beauté et leur conseruation en dé-
« pend. Elle est très rare entre les Iardi-
« niers, car, pour la bien prattiquer, il faut
« agir plus de l'esprit que de la main ; elle
« est aussi très difficile à expliquer, parce
« qu'elle ne consiste point en maximes
« certaines et generales, mais elle change
» selon les circonstances particulieres de
« chacun arbre. »

Après des observations si justes, viennent,
sur les diverses manières de palisser,
des indications si précises que la science
actuelle n'a rien trouvé à y ajouter.

L'auteur expose ensuite le but de la taille
qui est de garnir les arbres, d'éviter la
confusion des rameaux, d'obtenir de beaux
fruits et de conserver les arbres longtemps
forts et vigoureux. « La réussite de la
« taille, dit-il, dépend principalement de la
« prudence du Iardinier qui doit la prati-
« quer differemment, selon la qualité dif-
« ferente des arbres et selon leur vigueur,
« avec jugement et connaissance, et aussi
« avec vn grand soin. »

Faisant l'application de ces principes aux
poiriers, l'abbé Le Gendre dit que « quel-
« quesfois il faut tailler court les branches,
« lorsqu'elles poussent trop abondamment ;
« quelquesfois aussi, il est nécessaire de
« leur oster du jeune bois et de conseruer
« le vieux pour leur faire rapporter plustost.

« D'autres fois, il est à propos de retran-
« cher le vieux bois usé et qui n'a plus de
« force, et de ne laisser que le noueau pour
« les rajeunir et les renouueller ; quelques
« fois aussi, il suffit de les décharger et
« d'oster les branches trop confuses. »

Il recommande surtout « de prendre garde
« de ne pas trop dégarnir le pied ni le corps
« des arbres; c'est pourquoy il faut tousjours
« les tailler plustost trop court que trop
« long, et raccourcir beaucoup les hautes
« branches, et celles qui sont au haut de la
« muraille, parce qu'elles attirent à elles
« seules toute la sève, et font dégarnir le
« bas de l'arbre. »

Il dit enfin, que pour bien tailler les arbres
« il faut, tous les ans, ratreschir toutes les
« branches plus ou moins selon leur force ;
« arrester les branches qui poussent trop,
« plus courtes que les autres ; conseruer
« toujours le maistre brin, qui est celui qui
« monte droit, et l'arrester d'année en année,
« en sorte qu'il soit toujours le plus fort,
« et qu'il maintienne la forme de l'arbre ;
« acourcir les branches faibles et menues,
« et celles qui sont disposées à porter du
« fruit l'année suiuante, afin qu'elles se
« fortifient et que leurs boutons soient
« mieux nourris ; recouper les branches
« chargées de boutons à fruit ; car la trop
« grande quantité de fleurs consomment
« les arbres, outre que les fruits n'en
« deuiennent pas si beaux. »

Il proteste contre « les Iardiniers si igno-
« rants, qu'ils tondent leurs arbres nains

« auec des ciseaux pour les former en buis-
« son, et les tenir plus proprement, ne recon-
« naissant pas qu'il se fait vne confusion
« de branches au haut de leurs arbres qui
« attirent à elles toute la sève et dégarnis-
« sent le pied ; étouffant tellement le peu de
« fruits qu'ils rapportent qu'il ne peut pro-
« fiter ny auoir bon goust ». Il veut « qu'on
« taille toujours les arbres avec la serpette. »

A ces opérations, joignez le soin des
écorces, et vous aurez toutes les opérations
de la taille d'hiver.

Pendant le cours de la végétation, l'abbé
Le Gendre recommande « si tost que les
« bourgeons commencent à parestre, et
« pendant les mois de May, de Iuin, de
« Iuillet et d'Aoust, dans le décours
« de la lune », l'ébourgeonnement des
faux jets et des bourgeons qui poussent
sur le devant, sur le derrière de la tige et
sur les coudes des branches pliées ; le pincement des branches qui s'élèvent trop pour
les faire fourcher et garnir le corps de
l'arbre. Le pincement doit se faire avant
que les branches ne soient trop longues et
trop dures, « car alors elles ne repoussent
« des branches qu'aux deux ou trois der-
« niers boutons à feuilles, et ne se garnis-
« sent pas du pied »

Les jets que l'on aurait oublié d'ébourgeonner et qui sont trop durs seront coupés
à deux ou trois doigts de la branche, et en-
levés à la taille d'hiver.

Enfin, « le Iardinier, dit-il, doit prendre
« garde de ne pas trop dégarnir les arbres

« en les taillant et en les ébourgeonnant,
« dautant qu'il est aussi dangereux de leur
« oster trop de bois, comme de les laisser
« trop confus ; c'est pourquoi il doit con-
« sidérer la bonté de la terre, la force de
« l'arbre et selon qu'il pousse auec plus ou
« moins de vigueur ; estant certain que
« s'il arreste ou qu'il pince trop celuy qui
« a grande force, il perd tous les boutons
« à fruit ; leur faisant pousser du bois :
« comme au contraire, il altere et rabou-
« grit celuy qui est faible et languis-
« sant. »

Cette recommandation est la seule qui se
rapporte *directement* à la mise à fruit.
Toutes les autres prescriptions n'ont pour
but que la formation d'arbres vigoureux,
bien garnis, mais sans confusion, de branches à fruit. On laissait à la nature le
soin de produire et de conserver les lambourdes sur ces branches. Aussi n'avaient-
elles qu'une courte durée. « Après avoir
« fructifié dans toute leur longueur pen-
« dant cinq ou six ans de suite, écrit quel-
« ques années plus tard La Quintinie, elles
« tombent dans la condition commune des
« branches à fruit, qui est de périr en fruc-
« tifiant. » (tome II, page 347).

Comme remède à l'épuisement, l'abbé Le
Gendre employait le ravalement partiel ou
total, afin de renouveler les branches usées
et d'en faire pousser de nouvelles, « les-
« quelles, en deux ou trois ans, font un
« arbre nouveau et produisent de beaux
« fruits. »

Quant aux arbres qui, par excès de
vigueur,ne poussaient que du bois et pas de
fruits, il les affaiblissait, soit en coupant, en
mars, quelques-unes de leurs principales
racines; soit, s'ils étaient gros, en leur per-
çant la tige par le milieu au-dessus du collet et en remplissant le trou avec une cheville de bois de chêne sec ; soit surtout en
les déplantant en novembre pour les replanter aussitôt.

On regrette de retrouver dans un auteur
aussi sérieux que le curé d'Hénonville le
procédé romain de percer la tige pour
mettre l'arbre à fruit, avec cette seule différence que le coin en sapin est remplacé
par un coin en chêne. Bientôt La Quintinie fera bonne justice de cette pratique qui,
toutefois, ne disparaîtra pas pour toujours.
Car on la voit citée avec éloge dans le Bulletin de la Société centrale d'horticulture
de Nancy, mars-avril 1882, page 39. Elle
ne sert plus, il est vrai, à dompter les
arbres rebelles à la fructification par excès
de vigueur ; au contraire, elle est donnée
comme le traitement le plus énergique pour
rendre la force aux arbres affaiblis par
l'âge et la production. L'opérateur, dit le
bulletin « a soin d'arraser le coin au niveau
« de l'écorce, enduit le tout à l'huile de lin,
« recouvre la plaie de terre, et au bout de
« quelque temps, une nouvelle vigueur an-
« nonce l'apparition d'un nouveau chevelu
« et l'arbre est rajeuni. »

Je doute que malgré l'huile de lin, les
résultats répondent à l'attente des praticiens

de la Société. Jusqu'ici du moins, le bulletin n'a pas parlé de leurs succès, et la Société ne les a pas médaillés. « Trouer un arbre a « travers de la tige et y mettre une cheville « de bois sec ; fendre une des principales « racines et y mettre une pierre ; tailler en « décours (au déclin) de la lune, etc. Ce « sont de misérables secrets de bonnes gens « imbus de vieilles routines, gens qui « n'entendent guère la végétation et se « repaissent de peu de chose. » (La Quintinie.)

Avec La Quintinie, je blâmerai les procédés, mais je serai plus indulgent pour les personnes. J'ai déjà fait observer que les hommes les plus éminents sont sujets à l'erreur. Quoique l'abbé Le Gendre ait cru à l'efficacité du coin de chêne et à l'influence de la lune, puisqu'il prescrivait de faire les opérations dans son déclin, il n'en est pas moins un arboriculteur incomparable. Il ne faut pas oublier qu'il trouva l'arboriculture encore enveloppée des langes de l'enfance. C'est lui qui l'en a dépouillée. Il a ouvert la voie. Depuis les haies taillées à la serpe jusqu'aux espaliers bien dressés ; depuis les arbres informes et grotesques nommés arbres nains, jusqu'aux buissons régulièrement formés et conduits avec intelligence à la serpette : le chemin parcouru est immense.

Honneur et reconnaissance à ceux qui ont ouvert la voie et frayé le chemin en posant les vrais principes, comme l'a fait l'abbé Le Gendre dans son excellent petit traité. On le lit et relit toujours avec infiniment de plaisir, car il abonde en conseils excellents.

L'avant-dernier chapitre traite « de la « maniere d'auoir de beau fruit. »

« On ne peut les auoir bien gros sans « prendre soin de les éplucher quand ils « sont noüez, et au commencement du mois « de Iuin, en décharger les arbres qui en « ont trop. »

Il est nécessaire pour avoir de beaux fruits et pour conserver aux arbres leur vigueur « de n'en laisser que peu sur les branches « foibles, de n'en conseruer sur les bonnes « qu'à proportion de leur force, et de ne « retenir qu'vne poire ou deux de chaque « bouquet ».

Le dernier chapitre parle « des maladies « des arbres » et en indique les remèdes.

L'ouvrage se termine par « *un principal* « *aduis pour tous les plants*. » C'est « qu'on « ne peut auoir de beaux plants sans les « aimer. C'est l'affection du maistre qui les « anime, et qui les rend forts et vigoureux. »

Telle est la CONCLUSION de l'auteur.

CHAPITRE II.

La Quintinie. 1690.

Jean de La Quintinie naquit en 1626. Il s'adonna de bonne heure à l'étude de l'horticulture, dans laquelle il se fit une si haute réputation, qu'il compte au nombre des célébrités qui illustrèrent le règne du grand roi. Créateur de l'incomparable potager de Versailles, il fut nommé en 1687, par Louis XIV, Directeur général des jardins fruitiers et potagers de toutes les maisons royales. Il mourut un an après, à l'âge de 62 ans, laissant des travaux que nous admirons encore aujourd'hui, et des écrits qu'on lit toujours avec un grand profit.

Son *Instruction pour les jardins fruitiers et potagers*, publiée deux ans après sa mort, par l'abbé de La Quintinie, son fils, forme deux gros volumes in-4°, souvent réédités et traduits en plusieurs langues étrangères.

La Quintinie profita des travaux de ses devanciers, dont il connut les écrits. Dans la préface de son ouvrage, il se plaît à reconnaître les services qu'ils lui ont rendus; et, c'est à l'abbé Le Gendre qu'il adresse un témoignage spécial de sa reconnaissance.

« Nous sommes surtout redevables, dit-il,
« à quelque Personne de qualité éminente
« (Arnaud d'Andilly), qui, sous le nom et
« sur les mémoires du fameux curé d'Enon-
« ville, ont si poliment écrit sur la culture
« des arbres fruitiers. Ce sont eux, dans la
« vérité, qui nous ont donné les premières
« vues des principaux ornements de nos
« jardins, aussi bien que celles du plaisir et
« du secours que nous retirons de ceux
« qui sont bien conduits. »

La Quintinie continua l'œuvre si heureusement commencée par l'abbé Le Gendre.

Les arboriculteurs modernes s'ingénient
à créer des formes nouvelles. Nos traités
d'arboriculture sont, en majeure partie,
consacrés à les décrire, et à enseigner la
manière de les obtenir. La Quintinie n'inventa aucune forme, mais il traça des règles
pour mieux conduire celles qui existaient
de son temps, savoir : contre les murs,
l'espalier, et en plein vent, le buisson nommé plus tard goblet, et aujourd'hui appelé
vase. Les espaliers, dont Olivier de Serres
faisait si grand cas, portaient déjà leur nom
actuel de contre-espaliers. Or, les contre-
espaliers, trop recommandés, selon moi,
par nos principaux maîtres en arboriculture,
n'avaient eu qu'un succès éphémère. « Au-
« jourd'huy, dit La Quintinie, l'usage des
« contreE-spaliers est extrémement aboly,
« et il ne s'en fait plus que fort rarement ;
« on trouve mieux son compte à mettre des
« Arbres en Buisson à la place des arbres
« en contre-Espaliers. »

Je doute que l'avenir appartienne aux
contre-esapliers.

La Quintinie tenait à ce que ses arbres
fissent « belle figure. » Leur belle figure
consistait à être bien garnis de branches à
fruit, mais sans confusion. Les espaliers
et les buissons n'avaient alors ni la régularité, ni la symétrie géométrique de nos
formes actuelles. Les branches charpentières s'allongeaient et se bifurquaient de manière à ne pas laisser de vides. Elles portaient un grand nombre de branches à fruit
convenablement distancées. Les arbres
donnaient une grande quantité de beaux et
bons fruits, leur existence était illimitée.

On peut voir, dans le traité d'arboriculture de M. du Breuil, la gravure d'un de
ces espaliers deux fois séculaire, « son
« tronc, dit M. du Breuil, présente à 0 m.
« 50 du sol, une circonférence de 2 m. 60.
« Il couvre une surface de 130 m. carrés,
« son produit en poires s'élève, en moyenne,
« à 4.000 par an, ou 30 fruits par mètre
« carré. »

L'abbé Roger Schabol, dans sa *pratique
du jardinage*, 1772, représente un buisson
de 30 ans, ayant trois toises de diamètre et
une tige de dix-huit pouces de grosseur.

Ces arbres avaient bien leur valeur !

L'*Instruction* renferme des indications
très détaillées et très précices sur la manière
de former les jeunes arbres en espalier ou
en buisson, comme aussi sur celle de res-
taurer ceux qui ont été mal dirigés.

La forme, pour la Quintinie, n'était que
l'accessoire, dans la conduite des arbres : la

partie importante, c'était la taille. Or la taille
consiste selon lui :

« 1° A ôter aux arbres les branches qui
« ne valent rien et qui peuvent nuire soit à
« l'abondance, soit à la beauté du fruit, soit
« à la beauté de l'arbre.

« 2° A conserver toutes celles dont on
« peut faire un bon usage.

« 3° A racourcir sagement celles qui se
« trouvent trop longues et à laisser entieres
« celles qui n'ont pas trop de longueur. »

Le but de la taille est donc d'obtenir des
branches de charpente, et sur ces branches,
d'autres branches portant des fruits beaux
et abondants.

Les diverses opérations ci-dessus énon-
cées, qui se font à la taille d'hiver, ont toutes
la branche pour objet. Aussi, pour com-
prendre le système de La Quintinie, il est
nécessaire de connaître ce qu'il nomme « la
« doctrine des branches. »

La Quintinie distingue deux espèces de
branches : les *bonnes branches*, et les *mau-
vaises branches* ou *branches de faux
bois*.

Les branches à supprimer sont :

I. — Celles qui ne valent rien, savoir :

1° Les *branches de faux bois*. On nomme
ainsi les branches qui sont « venues d'ail-
« leurs que des tailles de l'année précé-
« dente, ou qui, venuës sur ces tailles, se
« trouvent ou plus grosses ou plus longues
« que celles qui sont immédiatement au-
« dessus d'elles. Les yeux qu'elles portent
« à la base sont plats, mal nourris, à peine

« formés, et fort éloignés les uns des
« autres. »

2° Les branches usées à force d'avoir
donné du fruit.

3° Les branches trop menues qu'il retranche entièrement comme incapables de fructifier, ou au moins de nourrir les fruits et
d'en soutenir le poids. Ce sont nos longues
brindilles.

4° Celles qui n'ont aucune disposition ni
à bois ni à fruit, parce qu'elles sont extrê-
mement longues et menues.

II. — Les branches nuisibles. Ce sont celles
« qui peuvent faire confusion, ou offusquent
« le fruit, et celles qui prennent une partie
« de la sève d'un arbre, quand il est trop
« chargé de bois, eu égard à son peu de
« vigueur. »

Les branches à conserver, ou *bonnes
branches*, sont les branches qui, venues
sur la taille de l'année précédente, ont une
grosseur et une longueur proportionnées
à la place qu'elles occupent sur cette taille.
Leurs yeux sont gros, bien nourris, et près
les uns des autres.

Elles sont de deux sortes :

1° Les *bonnes faibles*, bien placées, de
grosseur et de longueur médiocres. « Ce
« sont, dit-il, les instrumens propres pour
« faire promptement de beaux et bons fruits,
« et elles le font infailliblement. »

2° Les *bonnes fortes*, ce sont nos branches charpentières, « destinées à commen-
« cer et à continuer la figure. Elles
« sont particulièrement employées à faire

« tous les ans à leur extrémité d'autres
« bonnes branches nouvelles ; les unes for-
« tes, les autres foibles.

Les branches à raccourcir sont celles
« qui excèdent neuf à dix pouces de lon-
« gueur » : Telles sont toutes les grosses
« branches que nous appelons branches à
« bois, et quelques-unes des menues que
« nous appelons branches à fruit ».

La Quintinie taillait toujours les prolongements des branches charpentières et il
voulait que tous les boutons conservés, à
la taille d'hiver, sur les rameaux de prolongement, se développassent *en branches*.
Il n'admettait pas le bouton à fruit reposant directement sur les branches charpentières. Il formait des arbres à forte
charpente, bien garnis, mais sans confusion,
de branches fruitières de la base au sommet.

Pour obtenir ce résultat « il faut, dit-il,
» conserver à l'extrémité de chaque vieille
» branche, 2 ou 3 des nouvelles branches
» fortes selon la vigueur de l'arbre ; ôter
« entièrement celles qui sont inutiles soit
« parce que elles feraient confusion, soit par-
« ce que elles sont usées, soit parce que elles
« n'ont aucune bonne qualité. A l'égard de
« celles que l'on conserve, il faut leur ré-
« gler une longueur proportionnée à leur
« force et à la force de tout l'Arbre, de ma-
« nière à ce que chacune puisse ensuite pro-
« duire à son extrémité autant de bonnes
« branches qu'on en a besoin, soit pour le
« fruit, soit pour achever de composer aux
« Arbres la beauté dont est question, ou pour

« l'entretenir quand elle est une fois établie;
« et voilà ce qu'on appelle la taille ordinaire
« des arbres. »

Partant de ce fait « que les boutons à
« fruit ne se forment jamais, l'expérience
« certaine l'apprend, qu'aux endroits où il
« se trouve une quantité de sève qui soit
« presque également éloignée et de l'excès
« du trop et du défaut du trop peu ; que ra-
« rement (ce dont personne peut-être ne
« s'était, dit-il, apperçû avant lui,) ils se
« forment sur les branches grosses et fortes,
« si bien que si un poirier n'en fait que de
« celles-là, il ne donne d'ordinaire aucunes
« poires ; qu'au contraire il se forme com-
« munément beaucoup de fruits sur les
« branches menues et faibles » il voulait
qu'on conservât fort précieusement les
branches menues, les rompant si peu que
rien par leur extrémité, si elles paraissaient trop faibles, les laissant toutes
entières si elles étaient en soi bien proportionnées. « Et cecy, dit-il, est un des avis
« les plus importans que je puisse donner.
« Malheur, ajoute-t-il, aux arbres qui
« auront à passer par les mains des Jardi-
« niers qui ne sçauront pas profiter de cet
« avis, ou qui ôteront les branches faibles
« comme faisans quelque manière de diffor-
« mité à la misérable idée d'arbres qu'ils se
« seront faite, si effectivement ils s'en sont
« fait quelqu'une. Car la plupart ne s'en sont
« jamais fait et coupent indifféremment
« quelque branche que ce soit qui se trouve
« sous leur main. Ces misérables ne pren-

« nent pas garde : 1° que le beau fruit ne peut
« jamais gâter en rien en quelque endroit
« qu'il soit ; 2° que c'est une espece de
» meurtre d'ôter une belle disposition à
« fruit toute formée, quoi qu'un ignorant ne
« la connaisse pas ; 3° qu'enfin la beauté de
« la figure des Arbres ne consiste et ne rou-
« le absolument que sur les grosses bran-
« ches. »

Comme tout cela est vrai ! et qu'il est
heureux de voir La Quintinie, 200 ans auparavant, stigmatiser, comme ils le méritent,
un très grand nombre de soi-disant con-
naisseurs de nos jours !

La Quintinie ne se contentait pas de conserver les bonnes faibles qui naissent *spon-
tanément* sur les branches charpentières, il
veillait à ce que ces branches en fussent
bien garnies.

Pour former et continuer la figure de l'arbre, il taillait les rameaux de prolongement,
les forts à 6 ou 7 pouces, les médiocres à 4
ou 5 pouces. Ce n'était qu'exceptionnellement et *temporairement* qu'il taillait à un
bon pied, et même un peu plus, les arbres
trop vigoureux dont la mise à fruit se faisait attendre.

Il proteste, dans son traité contre les tailles longues. « Cette manière de tailler lon-
« gues les grosses branches est, dit-il, un
« défaut où presque tous les Jardiniers man-
« quent, et cela, faute de savoir que la plu-
« part de nos fruitiers ne sont pas capables
« de fournir en même temps une grande
« étenduë, c'est-à-dire, de garnir en même

« temps les places d'en haut et les places
« d'en bas. »

Il se gardait bien « de faire faire le
« chandelier à ses arbres »; et il n'aurait
pas aimé les cannes, les queues de billard,
voire même les perches à houblon si communes aujourd'hui sur les arbres, dont la taille
des prolongements est trop allongée, ou
supprimée.

Sur les prolongements ainsi taillés courts,
tous les boutons se développaient en bourgeons. En mai et en juin, quelquefois en
juillet et en août lorsqu'il ne l'avait pas fait
plus tôt, il ébourgeonnait « toutes les bran-
« ches mal placées, de quelqu'endroit
« qu'elles vinssent, soit bon soit mauvais,
« et qui surtout faisaient de la confusion
« et de l'embarras, sans qu'elles pussent
« être bonnes ni à bois ni à fruit. »

Tous les bourgeons conservés, à l'exception de ceux qui étaient soumis au pincement dont je parlerai bientôt, croissaient
librement jusqu'à la fin de la végétation et
formaient un nombre de branches fortes trop
considérable pour continuer la charpente

« Toutes celles de ces branches qui étaient
« nécessaires pour continuer la figure,
« étaient taillées comme les branches de
« l'année précédente selon leur force et se-
« lon la vigueur de l'arbre. »

Quant aux autres que leur trop grande
vigueur rendait impropres à la mise à fruit,
elles étaient taillées à l'épaisseur d'un écu,
quand elles étaient bien placées; mais, quand
elles étaient mal placées, elles étaient taillées en talus.

« La taille à l'écu dit, La Quintinie, donne
« souvent pour l'année suivante une ou deux
« petites branches qui naissent des côtéz de
« cette épaisseur, et d'ordinaire sont fort
» bonnes pour du fruit. De plus, elle favorise
« le développement de la branche supérieu-
« re la plus voisine de celle que l'on a
« supprimée. »

« La taille en talus consiste à couper la
« branche de manière à ce que, par le dedans
« de l'arbre, il n'en reste pas la moindre
« partie ; et que, par le dehors, il en reste suf-
« fisamment pour y donner sortie à quelque
« branche nouvelle. »

La Quintinie recommande beaucoup la
taille en talus, « qui est tout-à-fait de sa nouvelle invention » et dont le résultat ordinaire
est de donner une branche bien placée,
grosse ou faible, en remplacement d'une
autre venue dans une situation fâcheuse ou
incommode dans laquelle on ne pouvait la
conserver.

C'est ainsi que, soit avec les *bonnes
faibles* formées, la première année, sur le
rameau de prolongement ; soit avec celles
que, la seconde année, donnait le contre-
œil des rameaux taillés à l'écu, ou qui sor-
taient des talus ; il garnissait les branches
charpentières de branches à fruit.

Lorsque, après la végétation, ces branches étaient trop longues pour le palissage
ou pour leur force, il les raccourcissait un
peu en les rompant à leur extrémité. Il
aimait mieux rompre que de couper parce
que, dit-il, « il « semble qu'il se perde da-

« vantage de sève en rompant, et que cela
« serve à y former plus tôt et davantage de
« boutons à fruit. »

La Quintinie n'est pas aussi convaincu
que plusieurs auteurs modernes de l'efficacité du cassement. On a, je crois, beaucoup
exagéré l'action du cassement, et je pense
que l'expression dont se sert La Quintinie,
« Il semble » est la plus juste et la plus vraie.

La nature se chargeait elle-même de la
mise à fruit. « Les branches commencent,
« dit l'auteur, les premières années d'en
« avoir à leur extrémité, et continuent, d'an-
« née en année, à en produire dans toute
« leur longueur, mais successivement de
« partie en partie et en rapprochant de la
« grosse branche dont elles sont sorties,
« jusqu'à ce qu'enfin elles achèvent d'en
« former à la dernière partie qui approche
« le plus de l'endroit qui leur a donné nais-
« sance. Après avoir fructifié 5 ou 6 ans de
« suite, elles tombent dans la condition
« commune de toutes les branches à fruit
« qui est de périr. »

Quand les branches charpentières étaient
dénudées ou épuisées, La Quintinie, comme
l'abbé Le Gendre, avait recours au ravalement afin de régénérer l'arbre.

C'est par ces diverses opérations que le
créateur du Potager formait, entretenait et
restaurait ces arbres « à belle figure » dont
« les fruits figuraient, dit Michaud, comme
« décoration, dans les fêtes splendides où
« Louis XIV conviait toute l'Europe ».

Souvent la mise à fruit était difficile, les

premières années, sur les arbres très vigoureux. Il en était qui ne poussaient que des
branches fortes. Pour les dompter et les
forcer à produire des branches faibles, La
Quintinie employait divers moyens.

I. — Tantôt il découvrait au printemps la
moitié du pied de l'arbre et lui enlevait *complètement* « une, deux, et quelquefois da-
« vantage des plus fortes et plus agissantes
« racines, pour diminuer la vigueur et les
« forcer à faire des branches menues. »
C'est, selon lui, un remède infaillible. Il le
préferait à la déplantation avec transplan-
tation immédiate soit à même place, soit à
un autre endroit, parce que, dit-il, la trans-
plantation, quelquefois cause la mort et
souvent produit de vilains arbres.

II. — Tantôt il s'attaquait aux branches
fortes elles-mêmes. Au printemps, s'il nais-
sait dans l'intérieur de l'arbre une branche
« extraordinairement grosse » un gourmand,
il la réduisait et l'obligeait à en produire plusieurs toutes bonnes. Pour cela, il pinçait à
la fin de mai ou au commencement de juin,
« ce jeune gros jet » et ne lui laissait que
2, 3 ou 4 yeux au plus; et, si cela était
nécessaire, il pinçait de nouveau au solstice.

Le *pincement* a été pratiqué de tout temps
sur les melons, les concombres, etc.; mais jamais avant La Quintinie, il n'avait été fait
sur les arbres à fruits. C'est lui qui imagina
de l'appliquer aux poiriers, aux pêchers,
aux figuiers et aux orangers.

Il l'opérait sur les gourmands « afin, dit-il,
« que la sève qui va toute à ne pousser

« qu'une grosse branche, laquelle se trouve
« ou inutile ou incommode, fût tellement
« partagée qu'elle fît plusieurs branches au
« nombre desquelles il s'en trouverait une
« ou peut-être plusieurs faibles propres à
« donner du fruit. »

Mais il ne le pratiquait « guère » que
sur les grosses branches d'en haut, rarement sur les grosses branches basses,
jamais sur les branches faibles ni sur les
arbres « qui ne font que trop de branches
faibles et peu de bonnes grosses. »

Il pinçait « les grosses branches d'en haut
« de l'espalier qui demeureraient inutiles par
« leur situation, et cependant consom-
« meraient mal à propos une quantité de
« bonne sève ». Il pinçait « les grosses
« branches de l'intérieur pour obtenir sur
« elles une ou deux bonnes faibles, c'est-à-
« dire des branches à fruit. »

Le but de ce pincement n'était pas le même que celui du pincement que faisait
l'abbé Le Gendre, ni de celui que nous
opérons aujourd'hui.

L'abbé Le Gendre ne pinçait que pour
faire fourcher les branches principales, qui,
s'élevant trop, auraient laissé le bas de
l'arbre dégarni.

La Quintinie pinçait les grosses branches
du haut pour les affaiblir, et celles de l'intérieur, pour leur faire produire quelques
bonnes faibles.

Aujourd'hui, la première année, nous
pinçons tous les bourgeons qui se développent en rameaux sur les prolongements

de chaque branche charpentière, afin de les affaiblir et de les préparer à devenir des porte-lambourde ; l'année suivante, nous pinçons, sur les porte-lambourde en préparation, les bourgeons supérieurs ou mères-nourricières pour mettre à fruit les boutons inférieurs, ou boutons en nourrice.

III. — Tantôt, à la taille d'hiver, il faisait ce qu'il nomme « des coups de maistre. »

1° Il laissait « hors œuvre, quelques gro-
« ses branches, même de faux bois, dans
« lesquelles, dit-il, pendant quelques an-
« nées se perdra une partie de la sève au
« profit du reste des bonnes branches qui
« recevant moins se mettront plutôt à
« fruit. »

« On peut en laisser, ajoute-t-il, partout
« où l'ouverture de l'arbre ne s'en trouvera
« pas incommodée, et d'où, quand on voudra
« et que l'arbre sera à fruit, on pourra les
« ôter, sans rien gâter à la figure, pourvu
« qu'elles ne fassent pas confusion, car la
« confusion est le plus grand mal qui puisse
« arriver à un arbre bien vigoureux. »

2° Il conservait longues et nombreuses les bonnes branches faibles pourvu qu'elles ne fissent pas confusion.

3° Il provoquait « une pluralité considé-
« rable de sorties sur les grosses branches,
« afin que par ces sorties l'abondance de
« sève pût faire son effet, puisque aussi
« bien on ne peut empêcher qu'elle ne le
« fasse en quelque endroit de l'arbre. »

Afin d'obtenir ces sorties, au lieu de tailler à l'écu les grosses branches inutiles à la charpente de l'arbre, il les taillait soit en forme de moignon, quand elles étaient situées au-dessus de celles qu'il avait conservées et taillées convenablement longues ; soit en façon de coursons ou de crochets de vigne, quand elles étaient au-dessous de ces mêmes branches.

Comme résultat, « il se fait immanqua
« blement, dit-il, soit aux moignons, soit
« aux coursons, une décharge de sève qui
« produit quelques branches favorables soit
« pour donner du fruit, si elles sont faibles;
« soit pour donner, au bout de quelque
« temps, des branches propres à la figure,
« si elles sont fortes. »

***

Tels étaient les procédés employés pour obtenir les branches à fruit par celui à qui Laurent, notaire à Laon, dédiait en 1673 son *abrégé de la culture des arbres nains* comme « au plus habile homme de France « en ces sortes de choses. ». Son panégyriste, Charles Perrault le représente comme le créateur de l'art des jardins. A l'en croire, La Quintinie aurait le premier découvert, par ses expériences, « la méthode infaillible « de bien tailler les arbres, pour les con « traindre à donner du fruit, à le donner « aux endroits où l'on veut qu'il vienne, et « même à le répandre également, sur tou « tes les branches, ce qui n'avait jamais été « pensé ni cru possible. »

Perrault oublie que son héros a large-
ment profité, comme il le dit lui-même, des
travaux de ses devanciers, et il exagère le
mérite de sa méthode, en lui attribuant une
infaillibilité à laquelle nous sommes loin
d'être encore parvenus aujourd'hui.

La Quintinie connaissait et appliquait les
vrais principes de la science trop souvent
méconnus de nos jours, même par quelques-uns de ceux qui s'érigent en docteurs.
Souvent, il est vrai, ils n'ont du professeur que le titre qu'ils se sont décerné à eux-
mêmes.

Les arbres vigoureux et fertiles du potager de Versailles ne le cédaient, ni pour le
produit, ni pour la durée, à la plupart de
ceux qu'on admire dans nos jardins modè-
les. Ils auraient fait bonne figure dans nos
expositions. Auraient-ils été primés? oui
certainement, si le jury se fût composé de
propriétaires.

La taille à l'écu inaugurée par La Quintinie, fut un très grand progrès. Faite à la
serpette, elle ne produisait que des plaies
guérissables. Mais elle est devenue meurtrière pour les arbres, depuis l'invention du
sécateur, dont chaque coupe produit une
plaie qui souvent dégénère en ulcère.

Avant La Quintinie, le principe de la
mise à fruit était connu. « On sait, dit
« *l'Art de tailler les arbres*, ouvrage ano-
« nyme publié en 1683, et attribué à Ve-
« nette, médecin à la Rochelle, que l'abon-
« dance de la sève ne fait que les branches,
« et qu'une sève petite et médiocre fait les

« fruits. — Que le soleil cuit et digère
« l'humeur pour former les fruits dans les
« rameaux où elle circule plus lente-
« ment. »

La Quintinie a formulé ce principe d'une
manière très nette : « Le bouton à fruit ne
« se forme qu'aux endroits où il se trouve
« une quantité de sève qui soit presque
« également éloignée de l'excès de trop et
« du défaut du trop peu ». Il insiste sans
cesse sur la nécessité d'éviter la confusion
des branches.

Il veut que les branches charpentières
ne fassent pas le chandelier, mais soient
partout garnies de bonnes branches à fruit.

La difficulté était d'obtenir ces branches
à fruit. La Quintinie ne voulant pas de
boutons à fruit reposant directement sur la
branche charpentière, et abattant à la taille
d'hiver toutes les branches très faibles, il
était nécessaire de tailler court les prolongements, afin que tous les bourgeons conservés acquissent la force nécessaire aux
bonnes faibles. Mais la conséquence de la
taille courte des prolongements était la
formation à leur extrémité de plusieurs
rameaux vigoureux, tous de force à peu
près égale. Ces rameaux, croissant librement pendant toute la végétation, donnaient
des branches fortes, en nombre trop considérable pour la continuation de la figure.
Il eût fallu affaiblir ceux de ces rameaux
qui ne devaient pas servir à la charpente,
comme nous le faisons maintenant, par le
pincement et les autres procédés dont nous

parlerons dans la suite. Mais ces procédés
n'étaient pas connus.

Venette laissait courir, sans les tailler,
les branches fortes qu'il nomme *branches
indifférentes*. Il ne taillait que rarement
les *branches fécondes*, ou branches à
fruit, « quand elles auraient été longues
comme le bras ». Il se bornait à tailler à
trois ou quatre nœuds celles des *indifférentes* que La Quintinie nomme branches
de faux bois ; et quant aux branches fécondes, il ne les taillait que lorsque cela
était nécessaire pour garnir l'arbre et
combler un vide. Mais, outre la taille
d'hiver, Venette faisait sur les branches
indifférentes une seconde taille à *la fin de
la première sève*, c'est-à-dire de la mi-
juin au vingt-deux juillet, suivant cet
axiome des jardins qu'il dit fort véritable :
*Taillez en beau temps, au décours de la
lune et à la fin des sèves, ou plutôt dans
le repos des arbres.*

« La taille de février, selon lui, ne donne
« que du bois pour donner du fruit trois
« ans après. L'effet de la retaille est de
« faire enfler les boutons de la première
« sève, d'obliger les arbres à faire des
« branches fécondes, ou de former des
« boutons à fleur pour l'année suivante. »

Ce principe est vrai, et nous l'appliquons
nous-même aux rameaux cassés à la taille
d'hiver, lorsque nous pinçons ou taillons
en vert les bourgeons qui poussent à leur
extrémité.

D'après ce principe, quand les branches

indifférentes qu'il avait laissé courir en
février, n'avaient pas, à la fin de la première sève, « de bonnes marques pour être
fécondes », Venette les taillait assez court,
c'est-à-dire à cinq ou six nœuds, pour les
forcer à en donner.

Pour les autres indifférentes, il les coupait à un demi-pied, ou même à un pied,
pour les rendre fécondes l'année suivante.

La Quintinie ne pratiquait pas de retaille, à la fin de la première sève, sur ce
qu'il appelait les *bonnes faibles*.

Mais nous avons vu, qu'à la taille
d'hiver, il raccourcissait, et avec raison, les
bonnes trop faibles pour les fortifier et
leur assurer une plus longue durée. Quant
aux branches fortes, les conserver toutes
en les raccourcissant, c'eût été produire
dans l'arbre une absolue confusion ; les
supprimer complètement, aurait formé des
vides. La taille à l'écu qu'il inventa, fut
un terme moyen et produisit des résultats
excellents.

Au lieu d'un rameau vigoureux et re-
belle à la mise à fruit, le contre-œil, éveillé
par la taille à l'écu, donnait *ordinairement*
une pousse faible qui, recevant moins de
nourriture parce qu'elle était plus éloignée
de l'extrémité de la branche, formait une
bonne faible, excellente pour la fructification.

La taille à l'écu a été, pendant un siècle
et demi, pratiquée par tous les arboriculteurs ; aujourd'hui encore elle rend des
services, et, dans quelques cas exceptionnels, il est utile d'y avoir recours.

Cependant le système de la Quintinie offrait de sérieux inconvénients.

1° Pour obtenir le développement en branches de tous les boutons conservés sur le rameau de prolongement, il fallait faire une taille courte. Or, cette taille courte rendait très lente la formation de la charpente ; elle augmentait le nombre et la vigueur des branches fortes obtenues au sommet du prolongement.

2° Ces branches croissant librement pendant toute l'année, absorbaient inutilement une grande quantité de sève, puisque, à la taille d'hiver, elles étaient supprimées.

3° Cette suppression occasionnait sur les diverses parties de l'arbre une affluence de sève qui produisait des gourmands, des branches de faux bois, et rendait difficile la formation des boutons à fruit sur les bonnes faibles.

4° Dans certaines variétés, le contre-œil ne donnait pas le bourgeon attendu ; dans d'autres, il donnait une pousse aussi vigoureuse que celle supprimée : et c'était à recommencer.

5° Les branches à fruit ne recevant aucun soin s'épuisaient rapidement. En sept ou huit ans, elles périssaient, laissant sur les branches charpentières des vides qui ne pouvaient se combler. Il fallait rapprocher, et même ravaler les branches. Sans doute, ces branches se reformaient rapidement. Ce n'était pas moins plusieurs années sans récolte, et de grandes plaies sur les arbres.

On put, avec les progrès de l'arboriculture

4

remédier à plusieurs de ces inconvénients, ou du moins les atténuer. Mais ils ne disparurent pas tous, et, le sécateur aidant, la taille à l'écu devint meurtrière pour les arbres. Aussi fut-elle généralement abandonnée, dès que nos maîtres actuels en arboriculture produisirent le système qui permet de traiter la branche à fruit sans suppression de rameaux.

CHAPITRE III.

DUHAMEL. 1768.

Duhamel du Monceau, né à Paris, en 1700, fut, dit la Biographie de Michaud, « un des savants les plus remarquables qui « aient illustré la France, pendant le dix-hui- « tième siècle, par l'étendue, la variété et « l'utilité de ses recherches. »

Quatorze ans avant sa mort arrivée en 1782, il publia le *traité des arbres frui- tiers, contenant leur figure, leur descrip- tion, leur culture,* etc. Deux magnifiques volumes in-4°, ornés de planches superbes.

Le but principal de l'auteur, dans ce trai- té, est de faciliter et de répandre la con- naissance de toutes les bonnes espèces d'ar- bres, afin que les propriétaires puissent en faire eux-mêmes un bon choix.

Mais, avant de commencer l'étude des es- pèces, il lui a paru indispensable de traiter avec quelque étendue « de la culture com- « mune des arbres fruitiers en général, et « de donner aux jardiniers et à ceux qui ne « dédaignent pas de le devenir, les instruc- « tions indispensablement nécessaires, soit « pour conduire eux-mêmes leurs arbres, « soit pour juger s'ils sont bien conduits. »

Culture générale des arbres fruitiers.

Le chapitre premier traite *des Pépinières* : Terrain qui leur est propre, — Semis, — Drageons enracinés, — Marcottes, — Greffes.

Le second, *de la Plantation* : Age du plan, — Préparation du terrain, — Distance des arbres, — Saison et façon de les transplanter, — Arbres élevés en place.

Le troisième, *des espaliers* : Exposition, — Murs, — Treillage.

On retrouve dans ces chapitres les sages conseils donnés par les auteurs déjà cités. Tout est écrit de main de maître. On ne lit rien de plus précis, de plus clair, et je dirai presque, de plus complet, dans les traités modernes.

Le chapitre quatrième a pour titre : *De la taille des arbres fruitiers*.

L'article I, *De la taille des arbres de plein vent*, c'est-à-dire de haute tige, n'offre rien de particulier.

L'article II, *De la saison de la taille*, donne lieu à une observation. Duhamel condamne avec raison les tailles tardives faites quand les fleurs sont épanouies ou passées. « On peut tailler, dit-il, dès que l'on discerne « les boutons à fleurs des boutons à bois, « c'est-à-dire de la mi-Novembre jusqu'en « Mars, sans crainte que la gelée endom- « mage le bois. » La gelée peut endomma-

ger le bois, j'en ai fait plusieurs fois l'expérience. Mais, en supposant même que la gelée
épargne toujours les tissus de l'écorce et de
l'aubier, il est imprudent de couvrir l'arbre
des plaies nombreuses qu'occasionne la
taille des prolongements, la suppression
des rameaux taillés à l'écu, celle des branches de faux bois, trop longtemps avant le
réveil de la végétation, parce que l'humidité, l'air et le soleil exerçant pendant de
longs mois leur action désorganisatrice sur
les tissus, rendent la cicatrisation des plaies
lente et difficile. Je conseille de faire, dès
la chute des feuilles, la majeure partie des
opérations de la taille ; mais de remettre à
la fin de février ou au commencement de
mars toutes les suppressions de branches
ou de rameaux formant une plaie que l'é-
corce doit recouvrir.

L'article le plus important du chapitre
quatrième, c'est l'article III, dont voici le
titre : *Définitions et notions générales de
la taille des arbres d'espalier.*

Depuis La Quintinie, la taille des arbres
n'a fait aucun progrès marquant. Ce sont
les mêmes principes, presque les mêmes
règles. Mais Duhamel les expose avec plus
de méthode, de netteté et de précision dans
l'article III dont on lira l'analyse, je le
pense, avec plaisir et profit.

Après avoir défini la taille : « l'art de
« procurer à un arbre, par l'arrangement et
« le retranchement raisonné de ses bran-
« ches, la beauté de la forme et les avan-
« tages de la fécondité », et avoir énuméré

les qualités de celui qui veut la pratiquer
avec succès, Duhamel émet huit propositions et donne sept définitions qui « peuvent
« être regardées comme les éléments de la
« taille dans laquelle tout doit se faire par
« principes et par raison, rien par routine
« et au hazard. »

Voici les propositions :

Proposition 1. — « Les branches et les
« racines d'un arbre sont réciproquement
« en proportion. Elles contribuent mutuel-
« lement à la force et à l'accroissement les
« unes des autres et par conséquent elles
« souffrent mutuellement du retranchement
« les unes des autres. »

De cette proposition, Duhamel conclut :
1° « Qu'il faut charger à la taille l'arbre
« vigoureux, et laisser aux branches fortes
« une longueur raisonnable, afin d'entrete-
« nir cette proportion et cette espèce d'équi-
« libre entre les branches et les raci es. »
2° « Que si au contraire un arbre pousse
« faiblement, c'est une marque que les ra-
« cines ont peu de vigueur. Il faut le dé-
« charger à la taille, et donner peu e lon-
« gueur aux meilleures branches, afin que,
« se fortifiant, elles fortifient aussi ses ra-
« cines. »

Proposition 2. — « Une branche vigou-
« reuse ne se développe sur un côté de quel-
« qu'arbre, que parce qu'il y existe une
« cause qui détermine la sève à se porter
« plutôt de ce côté que de tout autre »

Il faut donc, dès qu'une branche se mon-

tre beaucoup plus forte que les autres, la
supprimer ou la modérer, afin de prévenir
ou d'arrêter les mauvais effets qu'elle pro-
duirait sur les autres branches et sur les
racines.

Proposition 3. — « Dans l'ordre natu-
« rel, la sève pompée par une racine se porte
« principalement dans les branches du
« même côté que les racines. »

Si le fait était toujours vrai, il s'en sui-
vrait que, pour affaiblir le côté d'un arbre
plus fort que l'autre côté et rétablir l'équilibre, il suffirait de retrancher une ou plusieurs racines correspondantes à ce côté.
Mais, observe Duhamel, « il arrive quelque-
« fois que les racines ne correspondent pas
« aux branches du même côté », dans ce
cas, l'opération ne ferait qu'aggraver le
mal. La suppression des racines est donc
un remède violent, dangereux, auquel il ne
faut recourir qu'à l'extrémité et avec grande
attention.

Proposition 4. — « La sève se porte
« avec plus ou moins de force et d'abondance
« dans une branche, à proportion qu'elle
« approche plus ou moins de la verticale ».

De ce principe découlent des conséquences que tous les arboriculteurs connaissent.
Il est d'application journalière pour conserver et rétablir l'équilibre, favoriser la mise
à fruit, etc.

« *Proposition 5.* — « Plus la sève s'é-
« loigne de l'arbre, plus elle est active. »
D'où il suit qu'il faut : 1° éviter une taille

trop longue, parce que la sève, se portant aux extrémités de la branche, abandonne le milieu de l'arbre qui bientôt se dégarnit.

2° Eviter une taille trop courte qui, ne laissant pas assez d'issues à la sève, ne produit que des branches fortes sur le rameau taillé, et souvent des branches de faux bois sur le reste de l'arbre.

De cette cinquième proposition, Duhamel tire un moyen de rétablir l'équilibre entre les deux parties d'un arbre.

« Si un côté de l'arbre s'emporte, dit-il, il
« faut en tailler courtes les fortes branches,
« afin que la sève y trouvant plus de résis-
« tance, et des issues moins nombreuses,
« moins larges, et par conséquent moins
« favorables à son action, n'y fasse que des
« productions modérées. Mais il faut y con-
« server et tailler long toutes les branches
« moyennes et faibles qui pourront y sub-
« sister sans confusion, afin que la sève s'y
« consomme et ne soit pas obligée de s'ou-
« vrir des passages extraordinaires. Le côté
« faible doit au contraire être déchargé de
« toutes les branches faibles ; taillé court
« sur les branches moyennes, dont on ne
« conserve que le nombre nécessaire pour
« entretenir le plein ; et taillé long sur les
« fortes branches afin d'y attirer la princi-
« pale action de la sève »

La question de la taille longue ou courte des prolongements de la partie forte et de ceux de la partie faible sur les arbres mal équilibrés, est encore une question très controversée. Ce serait trop m'écarter de mon sujet que de la discuter ici, et de présenter toutes mes observations et mes réserves sur l'ensemble des procédés indiqués par Duhamel. Je laisse à chacun le soin d'apprécier leur valeur *en tenant compte du mode de taille alors en usage.*

Proposition 6. — « L'action de la sève « sur les boutons d'une branche est proportionnelle à leur distance ou à leur éloignement de la naissance de cette branche, « pourvu que cette branche ne soit pas inclinée à l'horizon ».

Cette proposition est incontestable et se trouve justifiée dans l'immense majorité des branches verticales. Elle a été méconnue cependant, dans plusieurs de nos traités les plus en renom, à l'article de l'obtention des rameaux à fruit du poirier. Je me fais fort de prouver le fait, mais je ne me charge pas de l'expliquer.

Duhamel conclut de la sixième proposition que « toute branche qui devient forte « dans une place où elle devrait être faible, « ou faible quand elle devrait être forte, n'est « pas dans l'ordre naturel, et doit ordinairement être retranchée. »

Proposition 7. — « Les feuilles influent « tellement sur la quantité et le mouvement « de la sève qu'elle augmente ou diminue « à proportion de leur nombre et de leur « état. »

Donc: 1° si une cause quelconque diminue d'une manière considérable la surface feuillée, le fruit tombe et l'arbre souffre.

2° Pour diminuer le progrès excessif d'une branche vigoureuse, il suffit de la dépouiller d'une partie de ses feuilles.

Proposition 8. — « L'extension des « bourgeons est en raison inverse de l'endur-« cissement de leurs couches ligneuses. » L'endurcissement est d'autant plus retardé que le bourgeon tire plus de sève ; la sève est d'autant plus abondante et active que sa direction est plus verticale, qu'il est mieux garni de feuilles, et plus à couvert du soleil qui le ferait transpirer et l'endurcirait.

« Donc, conclut l'auteur, en favorisant « ces trois causes, on augmente l'extension « d'une branche ; en les détruisant ou en « les diminuant, on arrête ou on modère « son progrès. »
Nous possédons contre l'endurcissement un remède efficace : ce sont les entailles longitudinales. Le silence de Duhamel m'autorise à penser que ce remède lui était inconnu.

Voici maintenant les définitions.

Duhamel distingue sur les arbres sept sortes de branches.

I. *La branche à bois*, qui naît de l'œil le plus élevé de la branche taillée ou raccourcie. C'est le « maistre brin » de l'abbé Le Gendre, qu'il faut toujours conserver et tailler chaque année pour qu'il soit toujours le plus fort.
A l'exemple de l'abbé Le Gendre, Duhamel recommande « de conserver la branche à

« bois, de la traiter avec plus d'attention
« qu'aucune autre, et de la tailler de quatre
« à vingt-quatre pouces suivant l'espèce,
« l'âge et la force de l'arbre ». Remarquons
avec quel soin les anciens veillaient sur les
rameaux de prolongement que quelques
modernes pincent, inclinent et même ren-
versent, diminuant ainsi la force de ces
rameaux « dont la vigueur, dit Duhamel, est
« essentielle à la forme et à la fécondité de
« l'arbre ».

II. *Les branches à fruit.* Ce sont « celles
« qui naissent entre le dernier œil de la
« branche taillée et la taille précédente. »
Ces branches ne subissaient aucun retranchement pendant la végétation. L'auteur
recommande à la taille d'hiver de les conserver entières, ou de les tailler plus ou
moins longues selon les positions de leurs
boutons à fruit. Il observe qu'il faut toujours
tailler sur un bouton à bois et non sur un
bouton à fruit ; « car, dit-il, il est nécessaire,
(*Prop. 7*) qu'au-delà des fruits il y ait des
feuilles sur la branche qui les porte. »
Cette recommandation que j'ai lue également dans l'*Art de tailler les arbres*, ne me
paraît pas justifiée pour les arbres à fruits
à pépins. La conservation d'un rameau à
bois au-dessus d'une lambourde aurait pour
résultat de retarder la mise à fruit des boutons situés au-dessous de la lambourde, et
souvent même les faire périr.
Il y a, dans le mode de fructification
des arbres à fruits à pépins et celui des
arbres à fruits à noyau, des différences

dont quelques auteurs n'ont pas su alors tenir compte.

« Le poirier, dit Duhamel, se taille sui-
« vant les règles générales. » Voici la seule observation qu'il fait sur la manière de le conduire :

« Etant destiné par la nature à devenir
« un grand arbre, le poirier pousse ordi-
« nairement des bourgeons longs et vigou-
« reux, ne paraît s'occuper qu'à s'élever,
« et diffère longtemps de donner des preuves
« ou même des espérances de fécondité. Il
« faut donc, pendant ses premières années :
« 1° ne pas tenir sa taille courte de peur
« d'altérer ses racines ou de ne lui faire
« produire que des branches fortes ou de
« faux bois ; 2° le charger de toutes les
« petites branches qui pourront y subsister
« sans confusion. Lorsque l'emportement
« de la jeunesse sera modéré et qu'il se
« sera mis à fruit, si l'on trouve qu'il ait
« pris trop d'étendue, on pourra le réduire
« et le rapprocher sans danger parce qu'il
« reperce facilement ; de sorte que, si cet
« arbre a été bien conduit pendant les trois
« ou quatre premières années, les fautes
« qu'on fait ensuite contre les règles de la
« taille par nécessité ou par méprise sont
« réparables, pourvu qu'on ne le laisse pas
« vieillir dans ses défauts. On voit souvent
« des poiriers de dix ou douze ans qui n'ont
« encore porté aucun fruit, parce qu'ils
« n'ont jamais été assez chargés et allongés ;
« au lieu qu'ils auraient fructifié dès la
« quatrième ou cinquième année, s'ils

« avaient été chargés de petites branches,
« seules propres à donner du fruit, et si
« une taille trop courte n'avait pas trop
« multiplié les grosses. »

III. *La branche chiffonne*, et IV, *la Brindille*, petite branche chiffonne, se retranchent à la taille, comme l'enseigne La Quintinie, quand elles ne sont pas nécessaires pour combler un vide. On ne les conserve que dans ce cas, et, pour les fortifier, on les taille à un œil afin d'obtenir une branche bien conditionnée.

V. *La branche gourmande*, qu'il faut, dès qu'on l'aperçoit, « pincer, repincer, et « dompter par toutes sortes de moyens, « sans la retrancher de peur que l'abon- « dance de la sève qui s'y portait ne se « rejette sur les branches à fruit voisines, « et ne les fasse dégénérer. »

VI. *La branche de faux bois*, née sur une ancienne taille, ou même sur la tige de l'arbre. Elle a ordinairement les caractères de la branche gourmande et se traite de même à moins qu'elle ne puisse servir à remplacer une branche usée ou à combler un vide; on la taille alors comme la branche à bois. Lorsqu'on la supprime et qu'on ne craint pas qu'elle fasse confusion, on la taille à l'écu afin d'obtenir une ou deux petites branches à fruit.

VII. *La petite branche à fruit* qui se nomme *bouquet* sur les arbres à fruits à noyau, « sur les autres arbres, est longue

« de six à quinze lignes, raboteuse et com-
« me formée d'anneaux parallèles, terminée
« par un gros bouton. »

C'est notre lambourde en formation ou
déjà formée. « Il faut, dit Duhamel, la con-
« server entière, et sans être taillée, sur
« quelque branche et en quelque direction
« qu'elle se trouve. »

Elle donne des fruits pendant six ou sept
ans au plus, se ramifiant chaque année, et
atteignant une longueur de six à huit
pouces, puis elle périt.

Duhamel ignorait l'art de rajeunir les
lambourdes comme on le fait aujourd'hui.

Après cet exposé de principes et de règles,
Duhamel en fait l'application à un jeune
arbre, et explique d'une manière très claire,
rendue plus claire encore par des figures
vraies et parfaitement dessinées, les opérations à faire, pendant les quatre premières
années, afin de former un arbre dont toutes
les parties soient pleines et sans vide, les
deux côtés égaux en force et en étendue, et
dont le haut ne s'emporte pas, et le bas
ne soit pas dégarni.

C'est le sujet de l'article IV, *Taille d'un
jeune arbre.* Cet article se termine par cette
observation : « La taille n'a que des règles
« générales, » dont voici le résumé :

« Nous pouvons dire en général qu'il faut
« tailler long les arbres vigoureux, et
« tailler court les arbres faibles ; que tailler
« long sur les grosses branches et char-
« ger de petites, entretient un arbre vigou-
« reux, quelquefois le rend confus, et ruine
« un arbre faible ; que tailler long sur les

« grosses branches et décharger de petites,
« ne modère ni ne met à fruit un arbre
« vigoureux, fatigue et dégarnit un arbre
« faible ; que tailler court sur les grosses
« branches et le charger de petites, peut
« modérer un arbre vigoureux, et fatigue un
« arbre faible ; que tailler court sur les
« grosses branches et décharger de petites,
« ruine l'arbre vigoureux, par les racines,
« par les gourmands et le faux bois , et
« entretient en bon état un arbre faible,
« etc. »

Duhamel, dans l'article V, *Taille d'un
arbre formé et des arbres en buisson,*
revient à son jeune arbre ; et, le supposant
âgé de dix à douze ans, bien garni, bien
entretenu, il explique les opérations qu'il
lui fait à la taille d'hiver.

1° Il le dépalisse et le nettoie de joncs,
osiers, feuilles sèches, etc.

2° Il retranche les chicots, les branches
mortes, épuisées, attaquées de gomme ou
de chancres.

3° Il lui assure un nombre suffisant de
branches à bois les mieux conditionnées.
Dans le bas, il choisit les plus belles et les
plus fortes venues à l'extrémité de la dernière
taille et leur laisse de cinq à douze pouces
de longueur suivant la vigueur et la force
de l'arbre. Le pêcher et le poirier qui ne
seraient point encore modérés, seraient
allongés davantage. — A mesure qu'il monte
vers le haut de l'arbre, il taille pour bois des
branches moins fortes, c'est-à-dire des
branches de seconde force ou les plus fortes

des moyennes, sur lesquelles il ravale la taille. — Au haut, il ravale la dernière taille sur la branche moyenne la mieux placée et la mieux conditionnée de celles qui se trouvent au-dessous des plus fortes, et il taille pour bois cette branche moyenne, soit qu'elle ait des boutons à fruit soit qu'elle n'en ait pas.

4° L'arbre étant pourvu de branches à bois, Duhamel s'occupe des branches à fruit. Dans le bas, il ne conserve que le nombre suffisant pour éviter les vides. Il choisit les plus fortes et les mieux placées, et retranche celles que leur faiblesse rend incapables de faire de belles productions et de les bien nourrir. — Dans le haut, il en conserve autant qu'il en peut exister sans faire de confusion, à moins que l'arbre ne soit fatigué de la fécondité de l'année précédente. Les branches conservées sont taillées de trois à huit pouces selon la position de leurs boutons à fruit.

Quant aux branches venues sur la dernière taille, il faut en conserver une, deux ou trois. C'est la longueur de la taille précédente, la force de l'arbre, et la place à garnir qui doivent guider l'arboriculteur.

5° Les brindilles et les chiffonnes sont abattues dans le bas de l'arbre, à moins qu'elles ne soient la seule ressource pour combler un vide ; et conservées en partie dans le haut, si elles sont nécessaires pour consommer une partie de la sève trop abondante.

6° Les gourmandes et les branches de

faux bois sont toutes supprimées, à moins
que les besoins de l'arbre n'exigent leur
conservation. (*Défin. 6*).

Duhamel traite le haut de l'arbre comme
un arbre vigoureux, et le bas, comme un
arbre faible.

Quant aux arbres vigoureux et rebelles à
la mise à fruit, sans blâmer ce que La
Quintinie appelle des coups de maître, il
donne, pour les dompter, un moyen plus
efficace, selon lui.

« S'il perce, dit-il, une forte branche sur
« le haut de l'arbre, la tailler long, élever
« et former sur elle une tête et comme un
« second étage, qu'on supprime lorsque
« l'étage inférieur, qui fait véritablement
« l'arbre, s'est modéré et mis à fruit. »

Ce procédé n'est pas sans valeur, et je ne
blâmerais pas les praticiens qui y auraient
recours pour dompter des arbres auxquels
une plantation trop rapprochée ne permet
pas de donner le développement que leur
vigueur exige.

L'article V se termine par quelques mots
sur les buissons alors passés de mode, dit-
il, parce que « le grand espace de terrain
« que leur ombre rend incapable de produc-
« tion, et même difficile à labourer sous
« leurs branches », leur a fait préférer les
arbres en éventail, en contre-espaliers, en
palissades, moins embarrassants, d'un produit à peu près égal et d'un ornement plus
agréable à la vue.

Le palissage, « duquel dépend la belle
« disposition des branches d'un arbre »

complète les opérations de la taille d'hiver.
Il en est traité dans l'article VI. *Du premier
palissage et des abris.*

L'ébourgeonnement dont il est question
dans l'article VII est, selon l'auteur, presque aussi nécessaire que la taille ; il exige
presque autant de bon sens, d'intelligence
et de connaissance. « Malheur à l'arbre
« conduit par un jardinier automate ! »

Duhamel fait trois ébourgeonnements.

Le premier, vers la fin d'avril, par lequel
il supprime avec le pouce : 1° les bourgeons
mal placés ; 2° ceux qui sortent des anciennes tailles ; 3° les bourgeons doubles ou tri-
ples dont il ne conserve que le mieux tourné
et le mieux conditionné.

Le second ébourgeonnement a lieu vers la
fin de mai. Il porte : 1° sur tous les bourgeons
de la branche à bois, excepté sur celui du
sommet et deux autres situés vers le bas de
la branche taillée placés, l'un sur un côté,
l'autre sur l'autre ; 2° sur les fruits trop
nombreux et les bourgeons de la branche
à fruit inutiles ou mal placés, une seconde
suppression a lieu vers la mi-juin ; 3° sur
les bourgeons qui s'annoncent comme
gourmands, s'il n'est pas à craindre que
leur suppression nuise aux branches voisines. Dans ce cas, au lieu de supprimer
le gourmand, on le pince sur cinq ou six
feuilles.

On n'ébourgeonne jamais les petites
branches à fruit — l'ébourgeonnement est
plus ou moins sévère selon la vigueur et
l'âge des arbres. — Sur un arbre mal équi-

libré, le côté fort est soumis à un ébourgeonnement plus vigoureux que le côté
faible.

Le troisième ébourgeonnement qui, dans
certain cas, est une véritable taille en vert,
se fait au moment du *second palissage*,
article VIII, c'est-à-dire en juin, époque à
laquelle il convient de palisser les rameaux
conservés au premier ébourgeonnement.

Cet ébourgeonnement se fait :

1° sur les branches inutiles oubliées en
avril et sur celles qui sont survenues depuis cette époque ; 2° sur les bourgeons inutiles conservés pour modérer la vigueur excessive de l'arbre, s'ils ne sont plus nécessaires à remplir ce but ; 3° sur les branches
chiffonnes ; si elles doivent servir à combler un vide, on les pince sur le premier
œil ; 4° sur les branches nouvelles qui prennent trop de force. On leur enlève une partie des petites branches qu'elles ont déjà
produites, conservant les plus belles et
les mieux placées des plus basses.

Telles sont les opérations de la taille
d'été.

Le chapitre cinquième, *Des maladies,
et des ennemis des arbres fruitiers* :
Chancre, — Gomme, — Cloque, — Blanc,
— Brulure, — Jaunisse, etc., — Vers blancs,
— Pucerons, — Fourmis, — Chenilles, —
Lisettes, — Tigres, — Limaçons et Lima-
ces, — Punaises, — Guêpes, — Loirs, —
Oiseaux, etc., et le chapitre sixième, *Temps
et façon de découvrir, cueillir et conser-*

ver les fruits, complètent « les règles
« d'éducation, de conduite et de culture
« communes aux arbres fruitiers. »

Ces règles en général sont sages, fondées
sur des principes rationnels et sur l'observation intelligente des phénomènes de la
végétation.

Duhamel ne pratique la taille à l'écu que
sur les branches de faux-bois. Sur le bois
d'un an, il lui préfère la suppression complète des pousses inutiles.

Il a bien compris et énuméré tous les inconvénients qui résultent pour le poirier
d'une taille trop courte ; aussi, il recommande la taille longue des prolongements,
ou branches à bois, sur les arbres vigoureux. Cependant, à juger par le dessin qu'il
donne d'un arbre de trois ans, cet arbre
prête à toutes les critiques que j'ai faites à
la fin du chapitre précédent. A la taille
d'hiver, on aurait pu, avec les tailles, faire
un petit fagot. C'était, je pense, la conséquence nécessaire du système aux imper-
fections duquel un arboriculteur contemporain de Duhamel, l'abbé Roger Schabol, a
cherché à porter remède.

CHAPITRE IV.

Nous verrons, dans ce chapitre, les procédés utiles se multiplier, les opérations de la taille se perfectionner et se rapprocher peu à peu de celles que nous faisons aujourd'hui.

—

ARTICLE 1.

L'ABBÉ ROGER SCHABOL, 1772.

L'abbé Roger Schabol, était, comme l'abbé Le Gendre et La Quintinie, un vétéran de l'arboriculture, quand il composa ses mémoires. Il s'était appliqué pendant cinquante ans à sonder les mystères de la nature et « à en être l'espion, » parce que, dit-il, « il « est impossible de raisonner pertinem- « ment de la végétation tant qu'on se con- « tente de faire des épreuves passagères et « de méditer à tête reposée dans son cabi - « net. »

Frappé de la ressemblance qui existe entre les parties organiques des êtres vivants

et celles des végétaux , ainsi que de l'iden-
tité de leurs fonctions, il était convaincu
qu'on ne peut avoir une connaissance parfaite des végétaux et les bien diriger, sans
une étude suffisante de leur anatomie et de
celle des animaux. Aussi s'appliqua-t-il à
l'étude de l'anatomie. Cette étude lui inspira
la pensée d'emprunter les remèdes et opérations de la médecine, de la chirurgie et de
la pharmacie, pour en faire l'application aux
végétaux.

Né à Bruxelles en 1691, il s'adonna de
bonne heure à la culture des arbres. Son
auteur favori était La Quintinie, et, à l'exemple du Frère François, il en suivait les principes et les préceptes, quand ayant entendu
parler des merveilles opérées par les jardiniers de Montreuil et les ayant constatées
de ses propres yeux, il se détermina à chan-
ger complètement de méthode.

Il mourut en 1768, laissant des mémoires
dont il avait commencé la publication,
l'année précédente. C'est sur ces Mémoires
que fut rédigée, en 1772, *la pratique du
jardinage*.

Avant d'en commencer l'étude, qu'il me
soit permis d'exprimer ma reconnaissance et
mon admiration pour ces pionniers de
l'arboriculture qui ont étudié , observé
pendant un demi-siècle, afin de ne confier
au papier que des observations souvent et
scrupuleusement contrôlées. J'ouvre leurs
ouvrages avec respect, je les lis et relis avec
un bonheur infini, et, sans accepter aveuglé-
ment tout ce qu'ils avancent parce que personne n'est infaillible et que la nature a

des mystères insondables, j'accueille toujours leurs assertions avec une extrême défé- rence.

Opérations générales du jardinage.

L'abbé Roger Schabol traite des opérations générales du jardinage avant d'exposer ce qu'il appelle sa méthode.

Parmi ces opérations, il en est deux que je citerai, l'une, parce qu'elle est nouvelle, l'autre, parce qu'elle est en opposition avec ce que faisaient et font encore la plupart des praticiens.

La première opération concerne la sur- greffe.

« Voici, dit l'auteur, quelque chose « d'intéressant et que personne n'a encore « pratiqué. C'est de greffer un même arbre « dix à douze fois de suite en posant tou- « jours un nouvel écusson sur la greffe « faite en dernier lieu. J'ai greffé un poirier « qui l'avait déjà été, et j'y ai mis pendant « neuf ans de suite une greffe en écusson, « changeant toujours le sujet d'espèce. »

Comme résultat, il a obtenu des fruits meilleurs, plus nombreux et plus beaux que sur tous les autres arbres de même variété.

La seconde opération se rapporte à la plantation. Au lieu de tourner la greffe du côté du mur pour les espaliers, et du côté du nord pour le plein vent, ce qui produit souvent des arbres contournés et mal faits, l'abbé Roger Schabol cherchait toujours le bon sens de l'arbre, de quelque côté que se

trouvât la greffe. Mais il avait soin de
couvrir la greffe et la coupe de l'arbre avec
de l'onguent de Saint-Fiacre. Grâce à cette
précaution, ses arbres étaient plus tôt repris,
et les plaies recouvertes en un an, au lieu
de l'être en trois ans, comme cela arrive dans
la pratique ordinaire.

C'est ainsi que j'ai constamment opéré
moi-même, mes arbres s'en sont toujours
parfaitement trouvés.

Méthode de l'abbé Roger Schabol.

La *pratique du jardinage* donne une
définition de la taille un peu différente de
celle que l'on trouve dans la plupart de nos
auteurs. « La fin de la taille sur les arbres
« est, d'après cette définition, de leur faire
« rapporter des fruits et d'en procurer de
« plus beaux, en supprimant certaines
« branches et en raccourcissant les autres.
« C'est aussi de leur donner une forme
« plus régulière. » On voit que la beauté
et la régularité de la forme ne doivent venir
qu'au deuxième rang ; que la production
doit être au premier. C'est aussi mon avis.

Afin d'obtenir des fruits aussi beaux que
nombreux sur ses arbres vigoureux, bien
équilibrés et vivant un siècle, voici comment l'auteur procède.

I. A l'exemple des Montreuillois, il supprime sur les espaliers, comme cela se fait
sur les buissons, « toute branche perpendi-
« culaire au tronc et à la tige. »

Il établit la charpente de ses arbres sur

deux branches latérales, qu'il nomme branches-mères ; et, sur les branches-mères,
il élève des membres et des crochets.

La suppression du canal direct de la sève
est encore pratiquée aujourd'hui : c'est elle
qui donne les formes les plus faciles à
équilibrer et à conduire.

II. Il fait des gourmands le fondement de
sa taille et de l'harmonie des branches entre
elles.

Il laisse peu de gourmands et il les taille
court sur les arbres faibles ; mais sur les
arbres vigoureux, il ne supprime que ceux
qui sont mal placés ou qui ne peuvent, faute
de place, être palissés. Il blâme: 1° les arboriculteurs qui les abattent tous au palissage,
parce qu'ils affaiblissent l'arbre, et font
développer prématurément les yeux ou
boutons qui ne devaient s'ouvrir que l'année
suivante ; 2° ceux qui les conservent pour
les couper en juin à trois ou quatre yeux,
parce qu'ils font des têtes de saule; 3° enfin,
ceux qui les taillent à l'écu, parce qu'il en
sort deux ou trois autour de la plaie.

Quant à lui, il convertit en branches fruitières ceux qu'il conserve ; si l'arbre n'a
produit que des gourmands, il s'en sert et
les taille comme branches de prolongement.

III. Il laisse l'arbre prendre son essor en
l'allongeant beaucoup, proportionnellement
à sa vigueur. La longueur de sa taille est
en général double de celle que recomman-
daient les auteurs avant lui. Quand l'arbre
donne des pousses excessives, il fait, pour

le dompter, des tailles de trois ou quatre pieds sur les branches mères, sauf à les tailler plus courtes l'année suivante.

IV. Il taille long les branches à bois et les gourmands, et sobrement les branches à fruit.

Tous ces procédés étaient usités à Montreuil depuis 150 ans. Ils y donnaient dans tous les terrains des arbres aux membres allongés, couverts d'une foule innombrable de branches à fruit ; les tiges étaient volumineuses, et l'espace occupé par chacun était immense.

L'abbé Roger Scabol obtint les mêmes résultats. Car, quoique Duhamel ait écrit que le succès de la méthode des montreuillois était dû à l'excellence du sol et qu'ailleurs la réussite était très douteuse, l'éditeur de la *pratique du jardinage* cite un très grand nombre de jardins situés en différents pays « dans lesquels la taille de Montreuil « est suivie avec un succès qui ne laisse « rien à désirer. »

A ces procédés généraux qui n'étaient que des procédés d'emprunt, l'abbé joint les divers expédients que lui-même a tirés de la médecine ou de la chirurgie afin de régler et de bien diriger la pousse de ses arbres. Ces expédients sont :

I. *La diète et l'abstinence.*

Un poirier ou un pommier sont-ils indomptables, ne donnent-ils que du bois, jamais de fruits ? Au printemps, l'abbé Roger Schabol enlève toute la bonne terre à trois ou quatre pieds du tronc, il découvre les racines, il en sacrifie quelques-unes, il en raccourcit d'autres, puis remplaçant la bonne terre par un mélange à demi de sable et de la terre la plus aride et la plus mauvaise qu'on puisse trouver, il remet en place le chevelu des racines épargnées , avec les mêmes soins qu'à la plantation.

S'agit-il de rétablir l'équilibre entre le côté fort et le côté faible d'un arbre, il soumet les racines du côté fort à une rigoureuse abstinence et prodigue des engrais à celles du côté faible.

II. *L'incision et la saignée.*

Quand un arbre peu vigoureux à reçu les soins nécessaires pour lui rendre la force, bonne terre, fumure, etc., il reprend vigueur. Mais « l'étroite capacité des canaux « ne peut contenir la sève qui arrive. » La chirurgie y remédiera.

« Au printemps, avec la pointe de la ser- « pette, on tire une *incision* en fendant « l'écorce jusqu'au bois, depuis le tronc « jusqu'aux premières branches. On la fait « également aux mères-branches , aux « grosses branches, et on enduit toutes ces « incisions de bouze de vache. »

Nous pratiquons encore aujourd'hui l'excellente opération de l'incision longitudinale dont l'abbé Roger Schabol eut le premier l'idée. Elle lui fut suggérée , comme la

plupart de ses autres inventions, par l'obser-
servation intelligente de la nature.

« Je voyais, dit-il, des arbres vigoureux
« se fendre d'eux-mêmes tant à la tige qu'aux
« branches, et souvent de haut en bas,
« comme si on les eût incisés exprès. J'ai
« reconnu, en les mesurant, que, depuis le
« mois de Mai jusqu'à l'Automne, ils
« avaient grossi d'un pouce. »

La *saignée* est une incision longitudinale
de deux à trois pouces, faite sur le tronc, la
tige, les branches à bois ou les racines.

Son résultat est d'attirer la sève dans la
partie saignée.

Elle sert : « 1° à arrêter la production et
« les progrès des gourmands ; 2° à faire
« fructifier les arbres et à empêcher les fruits
« de tomber ; 3° à rétablir l'équilibre entre
« les deux parties d'un arbre. »

Cet équilibre est-il rompu ? Saignez la
partie faible et donnez l'essor à l'autre. —
Un arbre s'emporte par le haut et sa tige
reste dans le même état, faites une incision
à la tige et des saignées aux branches du
bas ; l'incision permettra à la tige de s'étendre, et les saignées empêcheront la sève de
se porter aux extrémités. « La taille bien
« faite maintiendra ensuite l'équilibre entre
« le haut et le bas, entre les côtés et la
« tige. »

La saignée est encore d'un usage fréquent.
Nous l'employons très utilement sur les
boutons à fruit à maigre empâtement qui
reposent sur les branches charpentières. Ces
boutons manquent de nourriture ; une sai-

gnée faite à leur base et sur leurs rides,
permet à la sève de leur arriver en quantité
suffisante pour opérer la mise à fruit du
bouton, et ensuite pour nourrir les fruits.

III. *Le cautère.*

On pose un cautère en enfonçant un petit
coin en bois, bien effilé et assez tranchant,
jusqu'au fond d'une incision de deux à trois
pouces, faite en juin avec la pointe de la
serpette, sur la tige, sur les branches ou
sur les racines.

Tous les trois jours, on nettoie la plaie,
on l'essuie et on remet le coin. Quand, au
bout de trois semaines ou d'un mois, le
cautère cesse de donner, on retire le coin,
on essuie la plaie, et on la remplit de bouze
de vache ou de terre glaise recouverte d'un
linge.

L'effet du cautère sur la tige et sur les
branches est d'attirer la sève dans la partie
cautérisée ; d'y développer un grand nombre de bourgeons, comme l'aurait fait le
recepage ou le ravalement ; de lui donner
une vigueur nouvelle et une fructification
abondante pendant plusieurs années.

Sur les racines, le cautère sert d'égout
aux humeurs de l'arbre, purge la masse de
la sève et la renouvelle. « Il fait, dit son
« inventeur, produire incessamment à
« l'arbre des jets admirables et surtout des
« gourmands précieux qui percent l'écor-
« ce. »

Je n'ai jamais eu occasion de vérifier cette

assertion ; le cautère est une opération toute d'amateur qui n'est pas entrée dans la pratique.

IV. *La scarification.*

L'opération consiste à faire avec la serpette des incisions transversales , de bas en haut, d'une longueur de deux à trois pouces, à une distance de cinq à six centimètres , et toujours à l'opposite de l'une à l'autre.

La sève arrêtée par ces incisions, se porte avec moins d'impétuosité dans les branches et les rameaux ; leur mise à fruit est rendue plus facile.

L'abbé Roger Schabol dit avoir obtenu par ce moyen des fruits sur des arbres de quatre ou cinq ans excessivement vigoureux. Il prenait soin en même temps de ne pas trop les tailler, « comme le font, dit-il, la « plupart des jardiniers. » « Je compare, « ajoute-t-il, ces arbres ainsi retenus à de « jeunes chevaux vifs et fougueux qu'un « mauvais cavalier pique des deux, en même « temps qu'il leur retient la bride. En leur « lâchant un peu la bride, ils avancent sans « se fatiguer. »

V. *Les cataplasmes.*

Ce sont les onguents dont il convient de recouvrir les plaies. Le plus usité était l'onguent de Saint-Fiacre, mélange de bouse de vache et d'argile fortement corroyés.

VI. *Les éclisses, les bandages, les ligatures.*

A l'aide d'éclisses, de bandages et de ligatures, l'arboriculteur-médecin rétablissait les branches fracturées, au lieu de les couper, comme elles l'auraient été par les autres jardiniers.

Tels sont les expédients auxquels l'abbé Roger Schabol avait recours. Ils sont presque tous le produit de son esprit observateur et inventif. Les auteurs modernes ont changé les noms, mais il ont conservé les procédés.

Après ce que j'ai dit précédemment, il me reste peu de chose à ajouter sur les opérations de la taille pratiquée par l'abbé.

Avec lui, je proteste contre l'habitude qu'avaient alors les jardiniers et qu'ont encore quelques praticiens de nos jours, de tailler toutes les branches des buissons à la même hauteur, de les couronner, pour me servir de leur manière de dire, quelle que fût la force de ces branches. « Ainsi une branche grosse comme le pouce et de cinq à six pieds de haut n'était pas plus alongée que celle qui n'avait qu'une grosseur d'un fêtu de six à sept pouces de long. Il arrive de là que la première ainsi retenue pousse avec plus de vigueur, et que la seconde prend d'autant moins l'essort. Prétendre que la branche fluette s'appropriera la sève de la grosse

« qui a été taillée court, c'est un paradoxe. »
Ceci me paraît incontestable.

Avec lui, je protesterai aussi « contre la
« plantation trop prochaine, défaut très
« commun dans le jardinage. »

Avec lui enfin je protesterai contre la
taille trop courte, et je dirai : « il est un
« juste milieu. C'est au jugement et à
« l'expérience à décider des différents cas
« dans lesquels on se trouve. »

La longueur de sa taille, je l'ai dit plus
haut, était environ le double de celle des
autres jardiniers. Il considérait les branches
de faux bois, comme véritables gourmandes ;
il taillait à l'écu, à l'exemple de La
Quintinie, et traitait comme lui, les brindilles et les branches chiffonnes ; il conservait toutes les lambourdes. Cependant,
quand un arbre n'avait que des lambourdes,
il en ôtait une partie, taillait court et rap-
prochait sur un gourmand.

A l'occasion des lambourdes des arbres à
fruits à pépins, il commet une erreur que
nous retrouvons encore aujourd'hui dans
un grand nombre de traités d'arboriculture.

« Elles sont, dit-il, *trois ans* à donner
« du fruit, chaque bouton passant par diffé-
« rents états, avant d'être parfaitement
« formé. »

C'est *deux ans* qu'il eût fallu dire ; je me
réserve de le démontrer.

Mise à fruit des arbres rebelles.

Les arbres rebelles à la fructification ont
de tout temps exercé la patience et le savoir-

faire des arboriculteurs. J'ai déjà donné plusieurs des procédés auxquels l'abbé Roger Schabol avait recours pour dompter la nature. Comme les autres jardiniers, il employait encore : 1° la déplantation et la replantation à la même place vers la fin de l'automne ; 2° la taille tardive à la mi-avril, quand les nouvelles pousses avaient absorbé une partie de la sève.

Mais à ces expédients, il en joignait d'autres de son invention. Les voici :

I. *Courber les branches.*

Ayant, un jour, vers le milieu de juillet, courbé un gourmand sur un pêcher, et l'ayant couché le long de la muraille qu'il surpassait de beaucoup, il remarqua, à la fin de l'année, autant de brindilles sur ce gourmand qu'il y avait d'yeux dans le bas. Ces brindilles taillées, l'année suivante, donnèrent des fruits abondants. « C'est de « là, dit-il, que m'est venue l'idée de la « courbure des branches. »

Il employait la courbure : 1° sur les branches-mères de la partie forte, en même temps que le redressement des mêmes branches sur la partie faible, afin de rétablir entre elles l'équilibre.

2° Sur les gourmands situés dans le haut de l'arbre. Quelquefois même, il recourait à l'arcure et « il les affaiblissait ainsi au « point de les rendre sages, en les soula- « geant en cas de besoin. »

Le gourmand dompté par l'arcure était

6

taillé court d'année en année, et produisait des branches fruitières.

II. *Navrer les branches.*

C'est un remède violent dont son inventeur ne conseille l'emploi que sur les arbres à fruits à pépins, et dans le cas d'une extrême nécessité ; nécessité qu'il faut prévenir, dit-il, en donnant plus d'essor aux arbres. au lieu de les épuiser par des tailles courtes qui ne les font pousser qu'en bois.

Pour affamer une grosse branche qui prend trop de nourriture, on lui donne, au printemps, avec une serpe bien tranchante, un coup à cinq ou six pouces au dessus de l'endroit de sa naissance, et on lui fait une entaille à mi-bois, en dessous, ou sur le côté, en biaisant ; on recouvre les plaies avec l'onguent de Saint-Fiacre.

On peut faire plusieurs de ces entailles aux branches qui ne poussent que du bois, ainsi qu'à celles qui s'emportent trop.

Afin de dompter au printemps un gourmand vorace, on le plie du bas jusqu'à ce qu'il éclate, puis, avec une ligature, on rapproche les parties.

III. *Tordre les branches.*

La torsion est un remède si efficace pour mettre à fruit les arbres trop vigoureux, « que, dit l'abbé Roger Schabol, j'ai été « forcé de discontinuer ce moyen, les arbres « ne poussaient presque plus en bois, et ne

« donnaient que des brindilles et des lam-
« bourdes. La façon de tordre est simple et
« se fait depuis mai jusqu'en septembre.
« Vous prenez une branche jeune ou un
« bourgeon formé, et serrant bien fort,
« vous tournez d'une main en dedans, et
« de l'autre en dehors, comme pour défiler
« un cordage, jusqu'à ce que vous enten-
« diez un craquement. Vous êtes sûr que la
« branche torse ne prendra plus de nourri-
« ture que pour sa subsistance et qu'elle
« ne mourra point ; mais l'année suivante,
« si l'arbre est de fruit à noyau, elle don-
« nera abondamment, et s'il est à pépins,
« elle produira beaucoup de boutons à
« fruit. »

IV. *Casser les branches* à la taille, et les
bourgeons lors de la pousse.

Le cassement est encore un moyen énergique pour obtenir la fertilité sur les arbres à fruits à pépins. Il ne s'emploie que
sur les arbres très vigoureux ; il ne doit se
faire que sur une partie des branches
naturelles, des faux-bois et des bourgeons ; sur le quart de ces branches, quand
l'arbre est d'une vigueur excessive.

Les jardiniers ne cassaient que les brindilles, l'abbé Roger Schabol prescrit le cassement pour toutes sortes de branches.

Ainsi : 1° *Sur les buissons*. Supposons
que le prolongement de l'année précédente
porte cinq rameaux, le rameau supérieur
est taillé à un pied ou même à dix-huit pouces

dans le cas d'une extrême vigueur; deux des rameaux, le second et le quatrième, sont supprimés ; les deux autres sont cassés, en appuyant sur la serpette, et éclatés à l'endroit des sous-yeux à un quart de pouce de leur empâtement.

2° *Sur les espaliers*, le prolongement est taillé à deux ou à trois pieds, proportionnellement à la vigueur de l'arbre, et les rameaux conservés sont taillés en forme de crochets. Ces branches crochets produisent des bourgeons. Ceux de ces bourgeons qu'on ne peut placer, sont cassés de la mi-juin à la mi-juillet, comme l'ont été les rameaux.

Le cassement des rameaux et celui des branches de faux bois se fait à la taille d'hiver. L'abbé Roger explique ainsi le résultat du cassement :

« Si je coupe, la plaie se recouvrira, et
« aux yeux qui sont en dessous repousse-
« ront de nouveaux bourgeons qui commu-
« nément deviennent branches à bois. En
« cassant, au contraire, je fais une plaie
« inégale et pleines d'esquilles ; alors le
« recouvrement ne pouvant se faire que
« difficilement, ou même point du tout, la
« sève reste dans la branche, s'y cuit et s'y
« perfectionne. C'est la longueur de son
« séjour qui forme le fruit et non son pas-
« sage rapide à travers les fibres longitu-
« dinales des branches. La sève trouvant
« du côté de ces esquilles autant d'obstacles
« à son passage, ne peut monter ni former
« de bourrelets, mais elle s'affine et s'in-

« sinue à travers les sous-yeux, et fait
« éclore des brindilles, des lambourdes, ou
« des boutons à fruit pour l'année sui-
« vante. »

Ebourgeonnement.

Pour apprécier un système, il faut en connaître l'ensemble. Aussi, avant de se pro-
noncer sur la méthode de l'abbé Roger
Schabol, il est nécessaire d'étudier les opérations qu'il faisait pendant le cours de la
végétation pour continuer et compléter
celles qu'il avait pratiquées à la taille
d'hiver.

Ces opérations sont le palissage et l'ébourgeonnement. Son mode de palisser n'offrant
rien de bien particulier, je ne parlerai que
de l'ébourgeonnement.

L'ébourgeonnement est, selon l'abbé
Roger Schabol, d'une importance supérieure
à celle de la taille, « de lui dépend la fécon-
« dité de l'arbre comme sa santé et sa
« durée.

« L'art de l'ébourgeonnement est la sup-
« pression sage et raisonnée des rameaux
« superflus, le choix judicieux de ceux
« qu'il faut palisser, le goût et l'intelligence
« pour n'en conserver qu'une quantité suf-
« fisante. L'ébourgeonnement se répète
« autant de fois que les bourgeons s'alon-
« geant et se multipliant, donnent lieu à
« le renouveler. Le point essentiel est de
« fuir également la confusion et le vide. »

L'époque de l'ébourgeonnement varie

selon la saison, l'âge, la vigueur des arbres,
le climat, les expositions, l'abondance ou la
disette des fruits.

« Les Montreuillois le diffèrent jusqu'à la
« mi-mai, ou dans le mois de juin, lorsque
« les bourgeons de leurs arbres ont un pied
« ou quinze pouces de long. » Ils agissent
ainsi dans l'intérêt des fruits et de la vigueur
des arbres.

L'ébourgeonnement se fait avec la demi-
serpette. Il a lieu sur les branches chiffonnes, sur les branches de faux bois et sur les
autres pousses qui feraient confusion, dans
les conditions et de la manière indiquées par
les auteurs précédents. « Mais à l'égard des
« gourmands, on doit : 1° les conserver
« tant qu'on peut proportionnellement à la
« force de l'arbre. — 2° Ne les abattre que
« dans le cas de nécessité. — 3° Les palisser
« de toute leur longueur avec leurs bour-
« geons latéraux en ôtant ceux de devant
« et de derrière. 4° Palisser aussi, sans
« rogner ni pincer, les bourgeons qui
« poussent à droite et à gauche des yeux
« d'en haut des gourmands. »

L'abbé Roger Schabol n'admet pas le
pincement des bourgeons. « Rien de plus
« à éviter dans le jardinage, dit-il, que la
« pratique de pincer, de racourcir et d'arrê-
« ter les bourgeons. Toutes ces mutilations
« sont la cause du dépérissement des
« arbres. »

Afin de juger la valeur de cette recommandation, ainsi que toutes les opérations faites et conseillées par l'abbé Roger Schabol,
il ne faut pas oublier que le but des praticiens

de son temps était la *formation des bran-ches à fruit*. Ce but a changé ; nous faisons maintenant *l'éducation du bouton à fruit*. Le but, en se modifiant, a nécessité des modifications dans les anciens procédés, et leur mise en rapport avec les résultats cherchés.

Traité sur les plaies des arbres.

La *pratique du jardinage*, après avoir parlé des maladies et des ennemis des arbres, de la cueillette et de la conservation des fruits, se termine par *un traité sur les plaies des arbres*.

Partant de ce principe « qu'il est constant « que tout ce qui se passe dans les animaux « à l'occasion des plaies à eux faites, se « passe également dans les végétaux, » l'abbé Roger Schabol affirme que toute plaie grave est suivie de saignement et de suppuration, d'où résultent la désorganisation des tissus, une perte considérable de sève, l'affaiblissement et le dépérissement des arbres.

Lorsqu'un arbre a une plaie, il faut, avant d'appliquer sur cette plaie l'onguent de Saint-Fiacre , « soit que l'humeur soit « fluante, soit qu'elle soit desséchée, aller « auparavant jusqu'au vif avec la pointe de « la serpette. »

Il ne faut pas faire de plaies aux arbres sans nécessité, on doit éviter les grosses amputations, ne pas étronçonner qu'on n'y soit contraint, surtout si l'arbre est vieux et peu vigoureux.

Toute plaie doit être faite avec le plus grand soin de manière à ce qu'elle puisse guérir avec rapidité. « La guérison de la « plaie qu'a occasionnée la taille des bran- « ches de l'année précédente, doit s'opérer « durant le cours de la pousse jusqu'à la « chute des feuilles. »

Les plaies sont aussi funestes aux racines qu'aux branches. L'abbé recommande de ne pas supprimer leur pivot. « Toute racine « pivotante à qui on supprime son pivot, « ou le reproduit ou ne réussit jamais quand « elle ne peut en réparer la perte. »

Il proteste contre la suppression des gros-ses racines faite pour mettre un arbre à fruit, et, à plus forte raison, contre les jar-diniers qui, dans le même but, font des trous dans le tronc avec des vilebrequins, et y enfoncent des chevilles de bois. « Avec « ces pratiques meurtrières , dit-il , les « arbres ainsi mutilés n'en rapportent pas « davantage, dépérissent et meurent au « bout de quelques années. »

La Quintinie et Duhamel ne formaient la charpente des arbres qu'avec une extrême lenteur ; chaque année, à la taille d'hiver, ils sacrifiaient la majeure partie des pousses de l'année précédente. Les praticiens de Montreuil suivaient une marche opposée. La longueur de leur taille, la conservation des gourmands leur permettaient d'utiliser la

vigueur des arbres pour leur donner, en peu
de temps, une très grande étendue et obtenir des produits plus faciles et plus abondants.

L'abbé Roger Schabol, dès qu'il connut
leurs procédés, sut en apprécier la valeur,
ce que n'avait pas fait La Quintinie. L'arboriculture lui doit de les avoir exposés dans
ses écrits, avec un peu trop d'enthousiasme
peut-être, et d'avoir prouvé, par la théorie
et par les résultats, que les succès des Montreuillois étaient dûs, moins à l'excellente
qualité de leurs terrains, comme l'a écrit
Duhamel, qu'à la savante et intelligente
direction des arboriculteurs.

Elle lui doit également la plupart des
opérations que nous trouvons conseillées
dans les traités modernes : incisions, entailles, courbure, torsion, etc. ; opérations
excellentes quand on en use avec intelligence et discrétion, comme l'inventeur des
procédés le recommande. Les coupeurs
d'arbres auraient tort d'invoquer, en faveur
de leurs opérations barbares, l'autorité de
l'abbé Roger Schabol. L'abbé était pour les
arbres un médecin, ils n'en sont que les
bourreaux.

Parmi ces opérations, il en est une qui
n'a pas survécu à son auteur. C'est le cassement à un centimètre des branches ou
des bourgeons. Je ne crois pas à l'efficacité
de ce cassement pour diminuer notablement
la vigueur des rameaux que donneront les
sous-yeux. Il a le grave inconvénient de
couvrir l'arbre d'ergots. Aussi je lui préfère

la taille à l'écu, faite à la serpette et recouverte de mastic.

ARTICLE II

L'ABBÉ ROZIER (1781 à 1793).

L'abbé Rozier naquit à Lyon en 1734, et mourut pendant le siège de cette ville, dans la nuit du 28 au 29 septembre 1793, écrasé par un obus qui éclata sur son lit.

Il avait commencé en 1781, avec le concours d'une Société d'Agriculteurs, la publication d'un *cours complet* ou *Dictionnaire universel d'Agriculture*. Le huitième volume venait de paraître, et les matériaux des deux derniers volumes étaient prêts. On ne retrouva, après sa mort, que ceux du neuvième volume. Quant à ceux du dixième, ils disparurent avec son *discours sur la manière d'étudier l'Agriculture par principes*, et ses notes et commentaires sur le *théâtre d'Agriculture* d'Olivier de Serres auxquels il avait travaillé pendant dix ans.

« L'abbé Rozier, dit son biographe, a « sans cesse subordonné la théorie à la « pratique ; il a vu, il a exécuté lui-même « ce qu'il conseille de faire. C'est un « maître qui prêche d'exemple. »

Converti à la méthode de Montreuil, il avait l'abbé Roger Schabol en très grande estime ; il le cite souvent dans son diction-naire, et il emprunte à la *Pratique du jardinage* un grand nombre de ses articles sur l'arboriculture.

Ennemi des jardins fouillis, il l'est encore davantage des plantations rapprochées dont il attribue l'invention aux marchands d'ar-bres désireux de placer une plus grande quantité de marchandises.

Il aime les arbres sur franc aux dimen-sions immenses. « La meilleure taille des « poiriers, dit-il, est et sera toujours celle « qui saura conserver les bourgeons dans « toute leur force, et qui n'épuisera pas « l'arbre en lui abattant, chaque année, « une quantité de bois pour lui en faire « reproduire autant l'année d'après. L'arbre « vous dit : étendez, étendez toujours, je ne « vous demande pas autre chose. Par ce « moyen, je tapisserai moi seul un mur de « 40 pieds de face sur 10 à 12 de hauteur, « et je vous donnerai plus de fruits que « sept arbres qui, chez vous, occupent le « même espace. »

Les principes de sa taille.

« Tout l'art de la taille, est-il dit au « tome IV imprimé en 1786, dépend en « général de deux principes fondamen-« taux. » Le premier consiste dans la suppression des branches perpendiculaires, et le second, dans la conservation de l'équi-

libre et de la proportion des branches dans
les côtés ou ailes de l'arbre.

Nous retrouvons ces principes au tome
IX, publié en 1796 d'après les mémoires
laissés, après sa mort, par l'abbé Rozier.

Les principes de la taille, d'après lui, se
réduisent à quatre.

I. — *Supprimer tout canal direct,
ainsi que toute branche, bourgeon ou
gourmand qui s'élèvent perpendiculai-
rement. Ces branches, bourgeons ou gourmands doivent être inclinés au palissage.*

« L'expérience, après un grand nombre
« de siècles, a enfin démontré que toute
« branche perpendiculaire s'emporte ; que
« la sève y monte avec impétuosité ; que le
« cours de cette sève, s'établissant avec
« rapidité dans un seul endroit, absorbe
« celle des branches voisines, peu à peu
« les appauvrit et finit par leur dérober
« toute leur subsistance ; enfin, que si on
« fait incliner cette branche gourmande
« sur l'angle de 45 à 50 degrés, elle cesse-
« ra de nuire aux autres et finira par deve-
« nir branche à fruit. »

II. — *Fixer sur l'espalier les deux
branches sous-mères à un angle de 45
degrés, et les deux inférieures à l'angle
de 65 degrés.*

« L'expérience de tous les temps, de tous
« les lieux, prouve que toute branche pla-
« cée à l'angle de 45 degrés, pousse éga-

« lement ses bourgeons sur les deux côtés ;
« que ces bourgeons, devenant à leur tour
« des branches, pousseront également des
« deux côtés de nouveaux bourgeons, si
« les premiers ont été palissés sur l'angle
« de 45 degrés ; que la force des uns et des
« autres sera proportionnée entre eux ;
« enfin, que le membre ou mère-branche
« ne se dépouillera pas de ses rameaux in-
« férieurs.

« Au contraire, si on fixe les membres,
« les branches et les bourgeons au-dessus
« de l'angle de 45 degrés, la sève de la
« mère-branche, des branches secondaires
« et des bourgeons, s'emporte à leur extré-
« mité. Cette extrémité se charge tellement
« de bois gourmands, de jets vigoureux,
« qu'ils affament les bourgeons inférieurs,
« et ces bourgeons inférieurs périssent peu
« à peu d'épuisement. Enfin, l'arbre nain
« reprend ses premiers droits, si on ne
« l'arrête, et tend à devenir à plein vent.
« Le jardinier aura beau raccourcir ces
« branches et ces bourgeons à la sève du
« mois d'août ou à la taille de l'hiver sui-
« vant, plus il les raccourcira, et plus ils
« pousseront de gourmands et de bois nou-
« veaux. Le remède sera pire que le mal.
« Cependant, c'est ce qui arrive tous les
« jours. Les jardiniers le voient, ils disent
« que l'arbre s'épuise en bois, et ils ne sa-
« vent pas y remédier. »

III. — *Etablir et conserver l'équilibre
dans les branches.*

Les deux ailes de l'arbre doivent être

d'égale force. Si un côté l'emporte sur l'autre :
« 1° les racines se multiplient beaucoup du
« côté trop vigoureux, leur force et leur
« nombre vont toujours en augmentant, et
« celles de l'autre côté en s'appauvrissant
« et en se diminuant. 2° La faiblesse ou la
« force des branches des deux côtés de
« l'arbre suit la même marche ; d'où il
« résulte que l'un des côtés prospère et
« l'autre languit et périt peu à peu : c'est
« le fort qui mange le faible. »

L'équilibre s'obtient et se conserve en
proportionnant l'inclinaison des branches
à leur vigueur. Il suffit d'incliner le côté
fort et de relever le côté faible ; souvent il
sera utile de détacher le côté faible et de le
tenir éloigné du mur à l'aide d'un tuteur.
« Ce moyen est infaillible si on ne s'y prend
« pas trop tard. »

L'abbé Rozier, faisant l'application de ces
principes aux *buissons* ou *gobelets,* dit que
la bifurcation répétée des rameaux, supprimant sans cesse le canal direct, produit sur
ces arbres le même effet que l'inclinaison à
45 degrés sur les espaliers ; qu'elle empêche
la production de gourmands, « et surtout
« des tirans si communs sur les buissons,
« dont les branches sont toutes d'une mê-
« me venue depuis le tronc jusqu'à leur
« sommet. »

Si, malgré ces précautions, les tirants sont
trop nombreux ou trop forts au sommet, ou
si on veut arrêter l'arbre, il faut, au mois
de juin et de juillet, incliner horizontalement ces bourgeons les uns sur les autres

dans toute la circonférence ou évasement de l'arbre. Les bourgeons inclinés se chargent de boutons à fruit. Ils restent ainsi pendant deux ans ; mais si, au bout de deux ans, l'arbre se met à fruit et pas assez à bois, il est essentiel, afin de former de nouveaux tirants et de ramener la sève dans le haut de l'arbre, de supprimer en tout ou en partie les bourgeons supérieurs qui avaient été momentanément couchés ; sauf à rabaisser de nouveau quand le besoin l'exigera, puis à supprimer, et ainsi de suite.

Ces conseils me paraissent excellents pour conserver l'équilibre entre la partie supérieure et la partie inférieure des gobelets, et obtenir une fructification régulière, pourvu qu'on observe la recommandation de l'abbé Rozier « de supprimer sur chaque « bois à fruit, une partie des vieilles *bour-* « *ses*, et de diminuer une certaine quantité « de boutons à fruit. »

L'équilibre est facile à obtenir entre les bourgeons, l'année même du recepage. « Si « un ou deux de ces bourgeons gagnent de « vitesse les voisins, on les inclinera, sui- « vant le besoin, à l'aide de tuteurs, et les « autres seront maintenus dans leur per- « pendicularité jusqu'au moment où l'équi- « libre sera établi entre les bourgeons. »

« Mais quand, sur le gobelet en forma- « tion, un des bourgeons de l'année précé- « dente a moins de force, est moins vigou- « reux que ses voisins, je laisse, dit l'abbé « Rozier, à ceux-ci un ou deux yeux de plus, « et *le* ou *les* bourgeons faibles de la se- « conde ou de la troisième année, sont

« taillés à un ou deux ou même trois yeux
« de moins. Plus une branche a de bour-
« geons à nourrir, moins ils acquièrent de
« force, et ils en acquièrent du côté où leur
« nombre est moins considérable. C'est par
« ce petit stratagème que l'on parvient à
« établir successivement un équilibre par-
« fait dans toutes les branches du pourtour
« de l'arbre. »

IV. — *Tailler du fort au faible.*

La question de la taille des prolongements a toujours divisé et divise encore aujourd'hui les arboriculteurs. On discutera
encore longtemps sur la longueur qu'il convient de donner à cette taille, car on en est
arrivé de nos jours à contester même son
utilité. En effet, la question *des abus de la
taille* ayant été posée au dernier congrès
de la Société centrale d'horticulture de
France, le rapport fait par M. Burvenich
père, professeur à l'Ecole d'horticulture
de l'Etat à Gand, n'admet la taille des prolongements que dans deux cas : 1° Pour
obtenir un nouvel étage de branches lorsqu'on ne peut les obtenir par arcure ou de
toute autre façon ; 2° Pour équilibrer les
branches entre elles. Puis il ajoute : « Hor-
« mis ces cas, que nous appellerons de *force
« majeure*, toute taille des prolongements
« est pernicieuse ». M. Burnevich admet
cependant qu'il faudrait retrancher l'extrémité des rameaux de prolongement, si cette

extrémité était fluette, mal constituée, non
aoûtée, gelée ou desséchée.

Après avoir lu et médité les raisons de
M. Burnevich, je suis resté convaincu que
la taille des prolongements est nécessaire et
indispensable. Je regrette de ne pas avoir
vu, à côté de son rapport inscrré au *Bulletin
de la Société d'horticulture de France*, les
observations auxquelles ce rapport a dû
donner lieu. Car, encore que les Sociétés
laissent aux auteurs des articles la responsabilité de leur doctrine, il n'en est
pas moins vrai *pratiquement* que l'insertion d'un rapport est un semblant de con-
sécration qui peut tromper bien des lecteurs, surtout quand le rapport est un rapport de Congrès, et que le Bulletin qui l'in-
sère à une valeur aussi considérable que
celui de la Société d'horticulture de France.

Nous trouverons exposées dans la *Pomone française* de Le Lieur, les trois raisons qui justifient la taille des prolongements. Je reviens à la formule donnée par
l'abbé Rozier : *Tailler du fort au faible.*

Cette formule, l'abbé Rozier l'a empruntée à « l'excellent ouvrage » de M. La Bretonnerie, *Ecole du jardin fruitier.* « M. de
« La Bretonnerie avait observé, dit l'abbé
« Rozier, que les boutons à mesure qu'ils
« se développaient, conservaient jusqu'à un
« point donné, la même grosseur, le même
« écartement d'un bouton à un autre, que
« vers la fin de la première fougue de la
« sève, les boutons des extrémités des bour-
« geons devenaient plus serrés, plus rap-

7

« prochés ; que la grosseur des bourgeons
« commençait à diminuer sensiblement ;
« enfin, que le bourgeon s'allongeait par
« la suite sur une grosseur moindre que
« dans le commencement. C'est à cette ligne
« de démarcation, presque toujours bien
« prononcée aux yeux de l'homme accoutu-
« mée à voir, que M. de La Bretonnerie
« assigne la dénomination du fort au faible ».

La ligne de démarcation est loin d'être
aussi prononcée que l'affirme La Bretonnerie, et j'avoue que souvent je n'ai pu la fixer, à 20 centimètres près, sur une prolongement de un mètre.

Quoi qu'il en soit, écoutons La Bretonnerie.

« C'est avec raison entre le fort et le faible
« de chaque branche ou bourgeon qu'on
« doit les couper ou tailler toutes précise-
« ment ; ce qui se trouve ordinairement
« *depuis un œil pour les plus faibles et*
« *jusqu'à trois et quatre pieds pour les*
« *plus fortes ou gourmandes.* On a ainsi
« un juste milieu entre une taille trop lon-
« gue qui énerve l'arbre, et une taille trop
« courte qui le retient. »

La Bretonnerie pensait avec une formule
avoir résolu tous les cas. C'est ainsi qu'un
de nos arboriculteurs les plus distingués a cru
résoudre la question de la mise à fruit avec
une autre formule, celle de la *taille Tri-
gemme*. Les mathématiques et la pharmacie s'accommodent très-bien des formules.
Mais l'arboriculture ne les admet pas parce
que les formules ne tiennent pas compte
des circonstances variées qui se présentent

dans la végétation. Ainsi, la formule de la Bretonnerie ne tient compte ni de la forme de l'arbre, ni de la direction de la brauche, ni du mode de végéter particulier à chaque espèce de poiriers.

La taille *du fort au faible* était une idée neuve ; elle n'a pas fait son chemin. Dirai-je la même chose du nouveau mode d'ébourgeonner préconisé par la Bretonnerie.

« L'ébourgeonnement ou taille d'été, est, dit-il, aussi essentiel que la taille d'hiver. « Dé son opération et de la saison de la faire, « qui sont peu connues, dépend le succès. »

Mais, pour lui, ébourgeonnement et taille d'été sont synonymes, car il ne fait pas l'opération que l'on a toujours appelée ébourgeonnement, mais il la remplace par la suppression « au déclin de la canicule, depuis « la fin de juillet jusqu'à la fin du mois « d'août , c'est-à-dire après la première « sève » de tous les rameaux que l'ébourgeonnement eût fait disparaître en avril ou en mai.

Sans doute, il faut de la mesure dans l'ébourgeonnement, il convient de ne le faire ni trop prompt, ni trop sévère. Mais je crois pas bon de laisser l'arbre pousser, pendant quatre mois, une multitude de rameaux inutiles, pour le couvrir ensuite de plaies en août par le retranchement de ces mêmes rameaux.

Je ne louerai pas non plus la taille d'été que faisaient alors, d'après l'abbé Rozier, « les jardiniers sans principes. »

« Dans le courant de juin, ou au plus « tard dans le commencement de juillet,

« ils arrivent et commencent une suite
« d'arbres gros ou petits, jeunes ou vieux,
« sains ou souffrants, peu leur importe ;
« ils arrêtent tous les bourgeons de l'année
« à trois ou quatre yeux, soit au sommet,
« soit sur les côtés des arbres. Voilà leur
« taille d'été. Que résulte-t-il de cette
« absurde manipulation ? Aucun bien et
« beaucoup de mal. »

L'abbé Rozier s'élève avec autant de
raison que de force contre les abus que ces
mêmes jardiniers faisaient alors du *pincement*. Il veut qu'on en use avec modération
sur les gourmands, et qu'on ne l'opère jamais sur les rameaux faibles, parce que le
pincement affaiblit et épuise les arbres.
Aussi il proteste « contre les *charpenteurs*
« d'arbres, ces amateurs de la ligne droite,
« qui veulent que la surface de leurs pom-
« miers, de leurs poiriers taillés en éventail
« soit, dans tous les temps de l'année,
« aussi égale que celle d'une palissade de
« charmille. Sans cesse la serpette à la
« main, ils coupent, ils rognent, retran-
« chent, et une feuille tremble et craint de
« dépasser sa voisine sans la permission du
« propriétaire. »

Je joins volontiers ma protestation à celle
de l'abbé Rozier contre les abus du pincement; mais je le trouve trop sévère pour une
forme nouvellement introduite, la forme en
colonne ou *quenouille* ou *pyramide*. Bien
conduite, il l'avoue, la quenouille produit
un joli effet et se charge prodigieusement
de fruits. « Mais, dit-il, son grand défaut
« est de ne pas vivre longtemps. » Et plus

loin il ajoute « que de tels arbres sont des monstres. »

Il ne connaissait la quenouille que par les arbres qu'il avait vus. Or, la description qu'il donne de ces arbres prévient peu en faveur de leur forme. « A la longue, « chaque branche offre une succes- « sion de coudes formées par les tail- « les consécutives. On ne voit sur les « branches dépouillées de leurs feuilles que « des calus, des bourrelets, des rugo- « sités, etc., etc ; petit à petit, l'arbre se « charge tellement de boutons à fruit, qu'il « n'a plus la force de produire de bons « boutons à bois. »

« Je ne parle pas de la multiplicité des « *chicots*, des têtes de saule, etc., qui se « forment chaque année par la taille con- « duite par une main peu exercée, ou diri- « gée par un homme qui ne connaît aucun « principe. Les chicots causent des chan- « cres ; les têtes de saule absorbent une « partie de la sève, l'amusent à nourrir de « faux bourgeons ; les bourrelets multi- « pliés ne laissent passer qu'une sève très « élaborée et en très petite quantité ; enfin « pour une cause ou pour une autre, « l'arbre est bientôt épuisé. J'aimerais bien « mieux, afin de ne pas contrarier la nature, « abandonner la forme, laisser ces malheu- « reux arbres livrés à eux-mêmes, et suivre « les lois de la nature. »

D'après cette description, il n'est pas étonnant que l'abbé Rozier conclue en di- sant qu'un seul arbre sur franc et dans un bon terrain, conduit en éventail, donnera

plus de fruits et occupera plus d'espace que
six autres en quenouille. Cet arbre durera
60, 80 et même 100 ans, tandis qu'on sera
forcé de replanter les autres tous les 10 ou
12 ans.

On trouve, dans la plupart de nos jardins,
des pyramides en tous points semblables à
celles que vient de dépeindre l'abbé Rozier.
Aussi la forme pyramide cst-elle encore
une forme très discutée, et, malgré le talent
avec lequel quelques rares praticiens ont su
produire des pyramides sur franc de six
mètres de hauteur, très fertiles et de très
longue durée, j'avoue que je leur préfère
l'ancien *buisson* ou *gobelet* que nous culti-
vons sous le nom de *vase*.

Puisque je me suis égaré dans la question des formes, j'ajouterai que l'abbé Rozier
recommande les haies fruitières déjà pré-
conisées dans Olivier de Serres sous le nom
d'espaliers ; il engage à remplacer par ces
sortes de haies faites avec toutes espèces
d'arbres fruitiers, pommiers, poiriers,
cognassiers, pruniers, abricotiers, etc., les
hautes tiges éparses dans les champs, dans
les vignes, « où elles nuisent essentiellement
« aux récoltes et aux travaux. »

Enfin, pour compléter ce qui m'a paru
digne d'être noté dans le *Dictionnaire Universel d'Agriculture*, je signalerai à mes
lecteurs l'article sur le *verger*. « Ces lieux
« si chers à nos yeux, souvent célébrés par
« nos poëtes, » mis en honneur par Olivier
de Serres, par le cardinal du Bellai, évêque
du Mans, et par le médecin Belon, tendi-

rent à disparaître dès que La Quintinie eut créé l'art du jardin symétrique.

L'auteur de l'article le déplore, comme un crime de lèse-nation. « Ce qui est affli-« geant, dit-il, pour le bon citoyen, pour le « véritable agriculteur, c'est que, de toutes « parts, les vergers existants disparaissent. « Des acquéreurs nationaux dans les dépar-« tements de l'ouest et de la Seine-Infé-« rieure, ont eu la cupidité d'abattre les « vergers, d'enlever le plus bel ornement « des habitations, de détruire enfin des « arbres qui, par leur utilité, semblaient « plutôt appartenir à la patrie qu'à des « citoyens. »

Il se plaint ensuite de l'incurie avec laquelle sont tenus par des colons les rares vergers qui existent encore. Il conseille d'en plan-ter, et donne d'excellentes règles pour les former, les conduire et les conserver.

ARTICLE III

Le Lieur 1842

Le Lieur était, depuis 1804, administrateur des parcs, pépinières et jardins de la Cou-ronne quand il publia, en 1816, la première édition de *la Pomone française* dans laquelle il ne traitait que de la vigne et du pêcher.

Quoiqu'il eût dès lors en portefeuille tou-tes les autres parties de *la Pomone*, il ne

les publia que dans la seconde édition en
1842, après avoir, pendant 26 ans, complété
ses observations et contrôlé par de nombreuses et patientes expériences les résultats
de la méthode qu'il préconise.

Il se félicite, dans la préface de cette
seconde édition, des encouragements qu'il
a trouvés « dans les ouvrages qui ont paru
« depuis la Pomone. Tous sans restriction
« ont adopté ses principes généraux. » Mais
il se plaint « de ce que les auteurs de ces
» ouvrages ne se sont pas conformés à l'usage
« qui veut que ceux qui écrivent sur un
« sujet déjà traité fassent connaître en quoi
« les principes qu'ils annoncent diffèrent
« de ceux des auteurs qui les ont précédés. »
Cet oubli des auteurs d'alors se retrouve
dans la plupart de nos traités modernes.
C'est une lancune que je m'efforce de combler en restituant à chacun son dû.

Le Lieur était un admirateur de l'abbé
Roger Schabol, « à qui, dit-il, l'art du jar-
« dinage doit beaucoup. » Il l'appelle
« notre maître ». Cependant il ne partage
pas son enthousiasme pour les estimables
cultivateurs de Montreuil dont il trouve que
l'on a surfait le mérite.

Il fait indirectement à l'auteur de la pratique du jardinage un autre reproche, celui de
ne pas avoir assez distingué entre les différentes espèces d'arbres.

« La taille, dit-il, doit être appropriée à
« la manière de végéter des arbres. On sera
« donc fort loin d'avoir traité de la taille
« de tous les arbres, parce qu'on aura indi-

« qué *plus particulièrement* celle du pê-
« cher. »

C'est un défaut commun aux auteurs dont
j'ai jusqu'ici examiné les écrits. Ils ne par-
lent que d'une manière vague et trop incomplète des opérations spéciales à la culture
du poirier et du pommier.

Le Lieur est plus complet. Aussi après
avoir, dans le livre deuxième, donné les
principes généraux de la taille et en avoir
fait l'application au pêcher, il traite dans le
livre troisième, *Du Pommier et du Poirier.*

Culture du Poirier et du Pommier.

Dans le chapitre XIV, Le Lieur traite de
la végétation naturelle du poirier et du
pommier ; au chapitre XV, il indique la
manière de maîtriser par la taille, cette végétation.

Dans le chapitre XVI, il donne les règles
de la taille ; et dans le chapitre XVII, il
fait l'application de ces règles à la formation des membres. Enfin dans le chapitre
XXVIII, il enseigne la manière de conserver les productions fruitières lorsqu'elles
sont établies, ou de les renouveler selon le
besoin.

I. — *Végétation naturelle du Poirier et du Pommier.*

L'auteur expose brièvement la manière
naturelle de végéter du pommier et du poi-

rier, « afin de mettre le lecteur à même
« d'employer les moyens les plus efficaces
« p ur contrarier et seconder leurs tendan-
« ces. » Il compare le mode de végéter du
pêcher avec celui du poirier, et, après en
avoir établi les différences, il ajoute : « On
« ne prétendra probablement pas diriger de
« la même façon deux espèces d'arbres aussi
« différentes dans leur manière de végéter
« que le pêcher et le poirier. »

La végétation naturelle du poirier donne,
la première année, « un rameau habituelle-
« ment terminé par un œil à bois. Tous les
« yeux qui sont au-dessous de l'œil terminal
« sont également à bois d'abord. Au prin-
« temps suivant, ces yeux se façonnent, en
« commençant par le sommet des rameaux,
« en brindilles, en dards, en boutons à fleurs
« ou à feuilles. Quant aux yeux placés près
« du talon des rameaux, ils s'oblitèrent,
« parce qu'ils sont trop éloignés du bour-
« geon terminal : mais ils restent toujours
« disposés à reprendre leur faculté végéta-
« tive lorsqu'on les y sollicite par la taille
« ou autrement. »

Le rameau de l'année forme une première
section. L'année suivante, le bouton terminal de la première section s'allonge et
forme une seconde section sur laquelle, au
troisième printemps, se formera une troisième section, et ainsi de suite. Toujours
une nouvelle section sera entée sur la dernière et son développement sera en tout
semblable à celui de la section qui l'a
précédée.

« Chaque est branche donc un composé
« de sections dont le bas est totalement
« dépourvu de production quelconque,
« tandis que le haut est garni de rameaux
« à bois très rapprochés les uns des autres;
« le centre seul contient des brindilles, des
« dards ou des boutons à feuilles. »

« Elle prend rapidement une trop grande
« étendue pour rester proportionnée avec
« son peu de grosseur, parce que la sève
« est trop inégalement répartie dans cha-
« que section ; ce qui est contraire à une
« fructification abondante et régulière,
« ainsi qu'à la force et à la durée de l'arbre,
« et même, ajouterons-nous, aux qualités
« des fruits. »

Tout ceci est vrai et incontestable.

II. — *Manière de maîtriser par la taille la végétation naturelle du Poirier.*

Pour amener dans toutes les parties de
chaque section une distribution plus égale
de la sève, et forcer les yeux du bas à s'ouvrir : 1° on raccourcira le rameau de la
section à la moitié ou au tiers environ de
sa longueur; 2° on pincera les deux ou trois
bourgeons latéraux placés au-dessous du
bourgeon terminal. Le résultat de ce pincement est d'empêcher la sève d'affluer dans
ces rameaux, de la faire refluer dans ceux
du bas et de donner plus de force à l'œil
terminal qui forme la section supérieure.

Il me semble impossible d'exposer, d'une
manière plus nette et plus complète, les trois

résultats obtenus par le pincement des bourgeons sur le bois d'un an.

Ce serait complet, si Le Lieur avait indiqué un quatrième résultat que l'arboriculteur doit avoir en vue dans le pincement du bourgeon : celui de préparer sur ce bourgeon le nombre de boutons nécessaires pour opérer, l'année suivante, la transformation d'un ou de deux de ces boutons à fruit. Le Lieur ignorait les lois de cette transformation, voilà pourquoi il pratiquera le pincement *mécanique* à une *longueur* de...

Si le pincement n'a pas réduit les bourgeons à des proportions fruitières, c'est à dire à des rameaux de la grosseur d'un porteplume, on les supprimera, au temps de la taille, à l'épaisseur d'un écu. Au même moment, les brindilles trop longues seront cassées à 8 ou 10 centimètres, les autres productions de la section seront laissées intactes.

On obtient ainsi des sections garnies dans toute leur étendue, de productions fruitières ou tendant à le devenir : l'arbre s'étend, il est vrai, plus lentement, mais ses branches raccourcies prennent une force proportionnée à leur étendue, elles sont d'ailleurs garnies de productions fruitières dans toute leur longueur, et leur prolongement conserve toute sa vigueur.

Des branches dénudées, trop minces par rapport à leur étendue, bientôt épuisées et cessant de s'allonger : tels sont, d'après Le Lieur, les résultats de la non taille des prolongements.

Rien n'est plus juste et mieux établi par les résultats, comme Le Lieur le prouve par des faits et comme je l'ai toujours constaté sur les branches laissées entières à la taille d'hiver.

III. — *Taille du Poirier et du Pommier.*

Ces principes posés, Le Lieur aborde la question de la taille.

« Il existe, dit-il, pour la taille, des prin-
« cipes invariables fondés sur la physiolo-
« gie végétale et sur le mode de végétation
« propre à chaque espèce.

La taille des arbres fruitiers a pour but : de distribuer la sève également et proportionnellement dans toutes les parties de l'arbre, afin d'obtenir abondamment et régulièrement de beaux et excellents fruits sur toutes les parties; 2° de prolonger l'existence des arbres et de les maintenir en santé sous un volume restreint et dans une forme quelconque déterminée par les intérêts ou seulement par le caprice du cultivateur.

Basée sur le mode de végétation propre à chaque espèce d'arbres, la taille est une et invariable, quelle que soit la forme, vase, pyramide, éventail, etc. Dans toutes ces formes les branches-mères ou secondaires se taillent toutes et s'élèvent toutes d'après les mêmes principes. Ce n'est pas cependant que Le Lieur tienne les formes pour indifférentes. « La meilleure, selon lui, est
» celle qui permet le mieux à la sève de
» circuler également et proportionnellement

« dans toutes les parties de l'arbre, parce
« qu'elle favorise l'abondance des récoltes
« sans épuiser le végétal, sans l'empêcher
« de s'étendre et sans lui faire perdre les
« formes qui lui ont été imposées. Nous
« ajouterons que cette égalité de circulation
« de la sève fait acquérir aux fruits toutes
« les qualités dont chaque espèce est sus-
« ceptible. »

Les formes que Le Lieur conseille et dont il
explique la formation sont, pour l'espalier,
la palmette à tige simple, la palmette à
tige double et l'éventail, et, pour le plein
vent, le vase, « forme la plus favorable
« aux récoltes abondantes et à la qualité des
« fruits, » coordonné ou alternant avec la
pyramide.

Quelle que soit donc la forme, on fera les
mêmes opérations afin de garnir les branches charpentières, de leur base à leur
sommet, de ce que Le Lieur nomme des
productions fruitières.

IV. — *Application de la taille à la formation des membres.*

Toutes les opérations nécessaires à cette
application sont exposées par Le Lieur d'une
manière très nette. Nous avons dit que
l'auteur a eu l'ingénieuse pensée de
diviser la branche en *sections*; que
chaque section correspond à une année;
qu'ainsi, la première section, formée du
bois d'un an, est le rameau sorti du

tronc après recepage ou directement de la
tige sur son prolongement de l'année précédente ; que la seconde section, produite
par le développement du bouton terminal
de la première section, comprend la portion
de la branche formée pendant la 2ᵉ végétation de cette branche ; que la troisième section s'est de même entée sur la deuxième
pendant la végétation suivante, et ainsi de
suite, en sorte que la branche compte autant de sections qu'elle a d'années.

L'éducation d'une section dure TROIS ans.
Comme elle est la même pour toutes les
sections, il suffira de dire la manière d'élever la première section. Cette section servira
de modèle pour toutes les autres.

Première année. « A la taille d'hiver, le
« rameau qui doit former la première sec-
« tion, est raccourci suivant *sa force* et *sui-*
« *vant les dispositions des bourgeons de*
« *l'espèce à s'ouvrir en plus ou moins*
« *grand nombre au-dessous de la taille.*
« Dans le pommier, par exemple, il y a
« moins de bourgeons disposés à s'ouvrir
« que dans le poirier ; parmi les différen-
« tes variétés de poiriers, c'est l'Epargne
« qui offre le moins de bourgeons sur les-
« quels on puisse compter : les rameaux de
« ces arbres devront donc être plus raccour-
« cis que les autres. »

Le Lieur n'est pas un tailleur à la mécanique. S'il a indiqué plus haut la moitié ou
le tiers de la pousse comme longueur à
supprimer, ce n'est qu'une simple indica-
tion subordonnée à la nature de l'arbre et à

son mode de végéter. Le but est d'obtenir le développement de tous les boutons conservés sur la section. L'arboriculteur ne perdra pas ce but de vue, et, aux considérations faites par Le Lieur, il en ajoutera une autre que cet auteur a omise, celle de la direction de la branche. Car, selon que cette direction sera perpendiculaire, inclinée ou horizontale, les boutons seront plus ou moins disposés à se développer en bourgeons.

Au printemps, l'œil terminal s'allonge pour donner le rameau qui formera la deuxième section ; en même temps les deux ou trois yeux placés au-dessous de lui sur la première section, s'ouvrent latéralement en bourgeons à bois d'autant plus forts qu'ils sont plus près du bourgeon terminal. On les pince, dès le début de la sève, quand ils ont 8 à 10 centimètres de longueur, et si, malgré ce pincement, ils prennent trop de force, on les ébouquette vers la fin de juillet, pour les supprimer, lors de la taille, à l'épaisseur d'un écu. Les autres yeux qui sont au-dessous, se transforment en brindilles ou en dards. Les brindilles trop allongées sont cassées vers la fin de juillet à 10 ou 12 centimètres de longueur, à cinq ou six feuilles, afin que les yeux placés au-dessous de la fracture retiennent un peu de sève qui les fasse gonfler. Les yeux qui sont près du talon s'ouvrent en boutons à feuilles.

Ainsi, d'après Le Lieur, à la fin de la végétation, la première section, actuellement âgée de *deux* ans, porte à son extrémité la seconde section ; au-dessous d'elle.

des rameaux pincés ; puis des brindilles et des dards ; enfin des boutons à feuilles ou rosettes.

Cette énumération est incomplète ; car, entre les dards et les boutons à feuilles, se trouvent *régulièrement* des boutons à fleurs. Il doit en être ainsi. En effet, si comme l'a dit La Quintinie, le bouton à fruit se forme à l'endroit où il se trouve une quantité de sève qui soit presque également éloignée et de l'excès du trop et du défaut du trop peu, entre les boutons qui ont formé des dards parce qu'ils ont eu l'excès du trop, et ceux qui n'ont donné que des rosettes parce qu'ils ont eu le défaut du trop peu, il y a des boutons qui ont eu la quantité de sève nécessaire et suffisante pour se mettre à fruit. Si cette observation a échappé à Le Lieur, c'est qu'il avait accepté l'erreur encore admise que le bouton à fruit sur le poirier ne se forme qu'à la *troisième* végétation. « Presque tous les « yeux qui se trouvent sur un rameau de « pommier ou de poirier peuvent devenir « autant de boutons à fleurs. Ces yeux se « façonnent lentement et acquièrent chaque « année un plus grand nombre de feuilles « qui sont comme implantées à leur pour- « tour ; elles aident sans doute à la forma- « tion du bouton qui devient complète après « *deux* ou *trois* années. Lorsque le bouton « est accompagné de cinq ou sept feuilles il « s'épanouit. »

Deuxième année. Pendant que la nou- velle, ou seconde section, subit les mêmes opérations que la première, a subi l'année précédente, cette première section est traitée de la manière suivante :

A la taille d'hiver : 1° les rameaux à bois inutiles à la charpente sont taillés à l'écu, afin de faire naître à leur place des productions fruitières.

2° Les brindilles sont raccourcies à 12 ou 15 centimètres afin que les yeux de leur talon, qui sans cela ne s'ouvriraient pas, s'arrondissent et se façonnent en boutons à fleurs ; si on négligeait cette précaution, les fleurs naîtraient à l'extrémité des brindilles, trop minces pour supporter sans se rompre le poids des fruits. D'ailleurs les fruits sont toujours plus beaux, plus assurés et mieux nourris, lorsqu'ils se développent près du corps de la branche.

Si les brindilles ébouquetées en juillet portaient à leur extrémité des yeux qui se seraient ouverts après l'ébouquetage, on les raccourcirait au dessous de la pousse, à 8 ou 10 centimètres.

La section étant ainsi préparée par la taille, les sous-yeux des rameaux taillés à l'écu donnent, au printemps, des bourgeons, des brindilles, des dards, ou des rosettes. Si les bourgeons annoncent une pousse trop forte, on les pince pour ne leur laisser acquérir que la dimension de brindilles ; s'ils donnent des brindilles, ces brindilles sont cassées fin juillet, comme l'ont été, l'année précédente, celles que l'on a raccourcies à la taille d'hiver.

Le Lieur *semble supposer* : 1° que les

brindilles raccourcies ou cassées à la taille
d'hiver ne produisent plus de bourgeons, et
que leurs yeux se forment d'eux mêmes en
boutons à fleurs comme ceux des dards et
des autres productions placées en dessous ;
2° que les boutons à fleurs apparaissent,
l'année même, pendant la végétation qui
suit le cassement. « Les brindilles qui
« avaient été cassées, ont formé des boutons
« à fleurs, et au-dessous apparaissent des
« rosettes. » Si claire que cette affirmation
paraisse, j'ai dit *semble supposer*, parce
que, dans un autre alinéa, il écrit que les
brindilles cassées « doivent être garnies,
l'année suivante, de boutons très renflés. »
Cette dernière expression est plus en harmonie avec l'ensemble de sa doctrine qui
demande *trois* ans pour la formation du
bouton à fruit.

La vérité est que la brindille cassée donnera un ou deux bourgeons à son extrémité,
mais que si ces bourgeons sont pincés avec
intelligence, il se formera, *l'année même*,
un ou plusieurs boutons à fruit au-dessous
d'eux.

Troisième année. Les opérations de la
troisième année se réduisent au cassement
à 8 ou 10 centimètres des brindilles produites par les sous-yeux des rameaux taillés à l'écu. Si au lieu de brindilles, ces
sous-yeux avaient donné des rameaux à
bois trop forts, Le Lieur dit de les tailler
très court.

Je ne m'explique pas cette taille *très*

courte d'un rameau fort. Son résultat me semble devoir être celui de la taille que dans mon traité, je nomme la taille *chicot.*

Il n'y a eu rien à faire, pendant le temps de la végétation, aux diverses productions de la première section. La nature doit se charger désormais de les façonner à fruit. « Ces productions se sont plus ou moins « perfectionnées, et, à la fin de la végéta- « tion, quelques-unes sont à fleurs. »

Lors donc que les premiers boutons à fleurs paraissent, le bois de la première section est du bois de *quatre* ans. Il porte sur ses ramifications, sur ses brindilles et sur ses dards, des boutons de deux ou de trois ans, mais ceux de la base ont quatre ans.

L'éducation de la première section est terminée. L'année suivante, toutes les productions seront à fleurs, « sinon celles qui « se trouvent près du talon, dont les yeux « seraient très gonflés. »

Ces yeux ont déjà *cinq* ans. C'est rester trop longtemps en formation. Si la taille du prolongement avait été plus courte, ou si la sève avait été plus refoulée sur les yeux inférieurs, la transformation se serait opé- rée en *un* ou *deux* ans. Le Lieur dit « qu'il « suffit que les yeux du bas d'une section « s'ouvrent en rosettes la deuxième année, « ou à la deuxième végétation ; que s'ils « s'étaient plus développés, ce serait un « indice que la taille aurait été tenue trop « courte par rapport à la vigueur de l'ar- « bre. » Je ne suis pas de son avis, je trouve inutile d'allonger la taille d'un rameau pour conserver à sa base, pendant quatre ou cinq ans, des boutons en nourice. C'est une perte, une diminution de produit, et, de plus, c'est s'exposer à voir les yeux s'éteindre. Pour moi, j'aime mieux que, dès la première année, tous les boutons conservés sur la taille du prolongement se convertissent en rameaux, en brindilles, en dards, en boutons à fruit avec un bon empâtement, ou au moins, en boutons déjà très fortement gonflés.

Voici, résumées en quelques mots, les opérations à faire pour l'éducation d'une section :

1re année. 1° Taille d'hiver : Raccourcir le prolongement. — 2° Taille d'été : Pincer à 8 ou 10 centimètres les 2 ou 3 bourgeons situés au dessous du bourgeon supérieur, et, si ces bourgeons repoussent après pincement, les ébouquetter, c'est-à-dire les casser par le bout, à la fin de juillet ; casser, à la même époque, à une longueur de 10 à 15 centimètres les brindilles trop longues.

2e année. 1° Taille d'hiver : Supprimer à l'épaisseur d'un écu les rameaux qui ont subi le cassement ; casser les brindilles à 8 ou 12 centimètres et tailler, au-dessous des repousses, celles dont les yeux se seraient ouverts. — 2e Taille d'été : Pincer ou tailler, suivent leur force, les pousses qu'ont données les sous-yeux des rameaux supprimés.

3ᵉ année. Taille d'hiver : Tailler court les rameaux , si les pousses en ont produits ; casser les brindilles qu'elles ont données. — Taille d'été : Rien. La nature se charge d'opérer elle-même.

Résultats : quelques boutons à fruit sur la section, et, l'année suivante, abondance de boutons à fruit sur les productions, excepté à la base du rameau.

« Plus tard, dit Le Lieur en terminant, « quand la section sera ancienne, il devien- « dra nécessaire de remplacer çà et là quel- « ques boutons à fleurs et quelques bourses « par des rameaux à bois, ou plutôt par des « brindilles ou des *lambourdes*, afin d'atti- « rer la sève vers les branches qui s'épui- « seraient à porter continuellement des « fruits. »

Le Lieur appelle *lambourdes* toutes les pousses, rameaux, brindilles ou dards, sor- tis d'une bourse. Les lambourdes sont de leur nature très fertiles et peuvent, en cas de nécessité, devenir rameaux de prolonge- ment. Le mot *lambourde* n'a plus mainte- nant la même signification, nous l'employons pour désigner les *petites* branches courtes, rabougries , terminées par un bouton à fruit.

Les sections s'élevant toutes de la même même manière, Le Lieur trouve qu'avec sa méthode, « l'application des diverses opéra- « tions de la taille se réduit à un simple « mécanisme qui n'a à s'exercer que sur « des productions que le jardinier a fait « naître où il avait voulu qu'elles fussent,

« et pour chacune desquelles il indique un
« traitement spécial, connu, et qui ne peut
« varier sensiblement. »

Le Lieur se fait illusion « sur les facilités
« que les jardiniers ont, avec sa méthode,
« de faire du poirier et du pommier tout ce
« qu'ils veulent. » Il ne parle que comme
mention , « des petites irrégularités qui
« pourraient survenir pendant le cours de
« la végétation. » Il oublie que sur les
arbres à fruit à pépins, les irrégularités ne
sont ni petites, ni rares: elles sont, au contraire, si grandes et si nombreuses qu'on
pourrait dire qu'elles deviennent la règle.
Aussi, jamais la conduite du poirier ne se
réduira à un simple mécanisme.

Il semblerait supposer qu'après le cassement des brindilles à la taille d'hiver, les
yeux de ces brindilles ne s'ouvriront qu'en
rosettes. C'est le contraire qui arrivera ordinairement. Un, deux quelquefois trois bourgeons se développeront à l'extrémité de la
brindille, et affameront les yeux inférieurs,
si l'arboriculteur ne les contrarie pas dans
leur développement.

Le Lieur l'a compris, aussi a-t-il complété
son enseignement dans le chapitre XXVIII,
Taille des productions fruitières, où il
enseigne « comment on taille les branches
« fruitières lorsqu'elles sont établies, pour
« les maintenir en état de toujours produire
« de beaux fruits ou d'être renouvelées
« selon le besoin. »

IV. — *Taille des productions fruitières.*

Le Lieur a fait dessiner « aussi exacte-
« ment que possible » une branche de cinq
ans, comprenant par conséquent cinq sections, prise sur une palmette, une pyramide
ou un vase, peu importe, « puisque toutes
« les branches qui composent la charpente
« des arbres doivent être toutes élevées de
« la même manière. »

La figure a un mètre de long, le dessin
en est très beau, mais, hélas ! très fantaisiste, et trop souvent en contradiction for-
melle avec les enseignements de l'auteur.

En effet, la première section, actuellement
âgée de cinq ans, aurait dû, pendant sa
deuxième végétation, se couvrir de rameaux
d'autant plus vigoureux qu'ils étaient plus
près du sommet, et ne former à sa base que
des rosettes. Or, les choses ne se sont point
passées ainsi : car sur les dix productions
fruitières que porte la section, quatre sont
des rameaux ou des brindilles et les six
autres, des dards ou des rosettes. Deux des
rameaux occupent, il est vrai, la partie
supérieure, *mais les deux autres sont à la
base de la section, juste sur le talon.*
Quant aux dards et aux rosettes, ils sont
épars çà et là, selon qu'il était nécessaire
pour couvrir le papier.

Voyons, d'après Le Lieur, comment a été
conduite la brindille inférieure, A, venue à
la naissance même de la section. Cette brindille provient, dit-il, d'un rameau à bois qui

a été taillé à l'épaisseur d'un écu. Un rameau à bois à la base d'une section, c'est
au moins une irrégularité ! Mais supposons
le fait, la brindille A, obtenue d'un sous-
œil en remplacement d'un rameau à bois,
a deux ans de moins que la section sur
laquelle elle repose : la section a cinq ans,
la brindille A en a donc *trois*.

La *première année*, cette brindille a été
cassée à 12 ou 15 centimètres. « Ce raccour-
« cissement a déterminé son prolongement
« et le développement de cinq autres pous-
« ses placées au-dessous de cette taille. »
La pousse supérieure, étant trop vigoureuse,
a été pincée assez courte, il en est sorti pos-
térieurement des boutons à fruit. On voit
en effet, sur le dessin une lambourde d'environ deux centimètres, ayant déjà une
bourse, et, sur cette bourse, deux boutons à
fruit. Le bouton à fruit s'est donc formé,
dès la *deuxième* année, sur une pousse
*vigoureuse pincée à deux ou trois centi-
mètres*. Le fait mérite d'être noté. 1° Il contredit l'enseignement de l'auteur qui demande *trois* ans pour la formation du bouton à fruit 2° Il n'y a pas d'yeux si près de
la base des bourgeons. Le pincement à deux
ou trois centimètres ne donnera qu'un petit
chicot stérile. J'aurai occasion de revenir
sur cette observation. Trois autres pousses
sont des brindilles, la pousse inférieure est
un dard qui s'est mis à fruit l'année même
de sa formation, il porte une bourse avec
bouton à fruit.

La *seconde année*, le prolongement de la brindille A a été cassé à la même longueur que celui de l'année précédente pour former la *deuxième* section de la brindille. Cette deuxième section a *deux* ans. Après le cassement, elle a donné un nouveau prolongement, et, au-dessous de ce prolongement six pousses, dont deux brindilles ; ces brindilles ont donc actuellement *un* an, comme le prolongement qui forme la troisième section. Or ces brindilles d'*un an* portent des *bourses* , preuve irrécusable qu'elles ont eu du fruit sur *le bois même de l'année*. Les boutons qui ont donné ce fruit, ont dû se former sur *un bois qui n'existait pas encore*. Evidemment ce n'est pas ce que Le Lieur a voulu dire ; c'est cependant ce qui résulte de la figure. Il est donc essentiel pour les auteurs de contrôler sévèrement le travail des artistes à qui ils confient le dessin des figures de leurs ouvrages. Car en les acceptant, ils en endossent la responsabilité.

La *troisième année* n'a produit qu'un prolongement et deux brindilles.

La brindille A est devenue en trois ans une véritable branche. Elle mesure environ 50 centimètres de long, elle porte 14 productions fruitières, 4 bourses, et 15 boutons à fruit.

Il en est de même des trois autres brindilles de la première section, sur laquelle je compte. 60 boutons à fruit un peu semés au hasard. La seconde section, bois de *quatre* ans, porte 35 boutons ; la troisième, bois de *trois* ans. en a 22 ; la quatrième, bois de *deux* ans, en a 11 dont 2 sur bourses. Total, 128 boutons à fruit sur une branche de cinq ans prise sur espalier ou sur plein vent.

Vous figurez-vous une pyramide formée avec de telles branches, distantes, comme Le Lieur le dit, de 20 à 22 centimètres ? Les haies fruitières ne sont que des transparents comparées au fouillis produit par toutes ces branches chargées de si nombreuses et si longues ramifications.

Le fantaisiste qui a dessiné *aussi exactement que possible* la branche à fruit de Le Lieur, a fait école. Un de ses élèves a dessiné toutes les figures du traité de M. Dolivot; un autre a crayonné la branche à fruit de M. Gressent ; un autre enfin a imaginé le dessin d'après lequel M. du Breuil explique la formation du bouton à fruit sur les rameaux du poirier. Nos maîtres en arboriculture n'ont pas toujours assez surveillé la main de ces artistes qui ne cultivent les arbres que sur le papier.

La gravure de son dessinateur a permis à Le Lieur de compléter les excellentes indications qu'il avait données au chapitre XVII, d'en faire l'application et d'en montrer les résultats : nous devons nous en féliciter.

Le Lieur, comme ses devanciers, recommande l'équilibre sur les arbres soumis à la taille. Comme eux, il conseille, afin de l'obtenir et de le conserver, le palissage et l'ébourgeonnement. Mais, s'agit-il de le

rétablir quand il est rompu, il a recours à
un procédé inusité avant lui, et en contradiction absolue « avec celui des auteurs qui
« l'ont précédé. »

Ce procédé consiste « à tenir la partie
« forte beaucoup plus courte afin de rabat-
« tre sur les yeux inférieurs, et à tailler la
« plus faible plus longue sur ses meilleure
« yeux, « parce que, dit-il, la taille faite
sur un œil moins favorisé, comme le sont
ceux de la base du rameau, donne une
sortie plus tardive et aussi plus faible,
que n'était la partie de la branche supprimée, tandis que la taille assise sur un œil
bien conformé et bien placé donne un
rameau qui devient plus fort que celui que
l'on a retranché.

D'où il conclut : 1° Que si les deux bras
d'une palmette sont inégaux, le plus fort
devra être taillé moins long et sur un œil
moins bien formé.

2° Que pour combattre la tendance de la
sève à se porter dans le haut de l'arbre, il
faut tenir les tailles plus allongées dans le
bas que dans le haut. « Ceci est fondé, dit-il,
« sur ce que plus une branche a de bour-
« geons, et par conséquent de feuilles, plus
« elle attire à elle de sève, et plus elle
« grossit ; c'est ainsi qu'on favorise le déve-
« loppement du bas de l'arbre et qu'on res-
« treint celui du haut en fermant à la sève
« les canaux par où elle n'eût pas manqué
« d'affluer. »

M. du Breuil s'est approprié le procédé
de Le Lieur, et il en a reproduit les argu-

ments, je me réserve d'y répondre, et j'espère prouver que la vérité était chez les anciens ; que la taille courte du rameau fort, opposée à la taille longue du rameau faible, produit un résultat diamétralement opposé à celui que M. du Breuil a trouvé indiqué dans la *Pomone*.

———

Je ne m'étendrai pas davantage sur la *Pomone* dans laquelle on retrouve les excellents conseils donnés par les auteurs qui l'ont précédée. Le Lieur nous avertit qu'il a mis ces auteurs à contribution ; qu'il a même profité de leurs fautes, ce qui lui a donné la possibilité de se créer une méthode que quelques personnes appellent, avec raison, la méthode de la nouvelle école.

« Cette méthode, dit-il, n'est pas sans
« doute exempte d'erreurs ; aussi, loin de
« demander une aveugle complaisance à
« ceux qui voudront bien nous lire, nous les
« invitons, afin de s'instruire avec nous, à
« se donner la peine de nous contrôler en
» appliquant nos principes. »

Nous avons répondu à l'invitation de Le Lieur, et de même qu'il a exercé dans la *Pomone* son droit de critique sur les auteurs les plus récents, nous nous sommes permis nos observations sur son traité, comme nous nous le permettrons même sur ceux des auteurs qui ont été nos maîtres en arboriculture. Ces critiques n'ôtent rien à l'admira-

tion et à la reconnaissance. A l'exemple
de Le Lieur, nous n'avons d'autre but
« que d'éviter aux cultivateurs des erreurs
« plus ou moins graves, en les mettant à
« même de baser sur leur propre expérience
« l'opinion qu'ils doivent avoir des faits sur
« lesquels divers auteurs et nous ne som-
« mes pas d'accord. »

Je manquerais à la reconnaissance que
tous les arboriculteurs doivent à l'auteur de
la *Pomone*, si je ne le remerciais, en leur
nom, d'avoir proscrit le sécateur, instrument
de nouvelle invention, dont l'emploi est
nuisible aux arbres. Nous le remercions
surtout d'avoir protesté, avec autant de raison que d'énergie, contre le système du renversement des branches qui venait de cau-
ser en France la dégradation de plusieurs
millions d'arbres fruitiers. « Cette manière
« barbare de traiter les arbres a fait, dit Le
« Lieur, le sujet de plusieurs rapports lus
« à la Société royale d'horticulture de Pa-
« ris, sans qu'aucun de ses membres ait
« désapprouvé ce procédé.

« Cela tient à ce que dans ces réunions
« de savants, les cultivateurs de profession
« manquent de l'assurance nécessaire pour
« émettre leur opinion, d'où il résulte que
« les sociétés d'horticulture semblent être
« dirigées par quelques orateurs dont la
« fâcheuse éloquence éblouit les hommes
« pratiques qui n'oseraient se permettre la
« moindre objection dans la crainte de se
« trouver forcés de soutenir une discus-
« sion contre les hommes qui manient si
« bien la parole. »

Merci à Le Lieur d'avoir dénoncé l'arcure des branches tout à fait renversées comme une pratique intolérable, convenant « tout « au plus à un locataire peu consciencieux « qui serait à fin de bail. » Car les erreurs sont vivaces. Alors qu'on les croit disparues pour toujours elles reviennent avec un faux air de nouveauté qui trompe et abuse. Il est bon de pouvoir les démasquer, les confondre et prouver par l'histoire qu'elles ne sont qu'une réédition, une réapparition des pratiques vicieuses et condamnées par l'expérience qui, comme les fléaux, la peste ou le choléra, s'abattent de loin en loin sur la terre pour le malheur de l'humanité.

La Pomone est l'œuvre d'un vrai savant, d'un observateur profond, d'un écrivain loyal. Les arboriculteurs ont tout intérêt à la lire, car ils y trouveront des principes vrais et des opérations bien justifiées. Sans doute, *La Pomone* renferme quelques idées contestables. La méthode n'est pas le dernier mot de la science, car elle conserve la taille à l'écu. Elle prépare, il est vrai, la formation du bouton à base de la brindille par le cassement de cette brindille à une longueur qui n'est pas assez bien déterminée par l'auteur, disant de casser tantôt de 8 à 10, tantôt de 11 à 13, tantôt de 11 à 15 centimètres, sans donner la raison de ces différences ; mais elle s'arrête à la préparation de la première année, et n'indique rien de ce qu'il faut faire pour arriver au résultat dès la seconde année.

Quoi qu'il en soit, cette préparation de la production fruitière fut un progrès très réel, elle indiqua la voie et servit de trait-d'union entre la deuxième époque, celle de la *formation des branches fruitières* et l'époque actuelle, celle de *l'éducation du bouton à fruit*.

TROISIÈME PARTIE

De l'éducation du bouton à fruit.

Après Le Lieur, la taille à l'écu disparaît, D'Albret n'en parle qu'incidemment, et M. du Breuil n'en dit mot dans sa première édition. Désormais tous les rameaux soumis au pincement seront cassés à la taille d'hiver et conservés. L'arboriculture va faire un grand pas. Ce sera d'abord un pas en arrière, mais heureusement, elle n'aura reculé que pour mieux avancer.

Le Lieur connaissait le traité de D'Albret dont il cite la cinquième édition dans la *Pomone*. Cependant il continua de tailler à l'écu, et il fit bien ; car quoique D'Albret ait écrit : « la taille telle qu'elle est mainte- « nant peut-être considérée comme très « perfectionnée et la meilleure à étudier, » il est certain que les débuts dans la voie nouvelle ne furent pas heureux.

Les principes étaient posés, mais les ar-

9

boriculteurs n'avaient point encore appris, par la pratique et par l'expérience, à en faire une application utile. Leur éducation se fit peu à peu, les derniers venus profitant des leçons et aussi des insuccès de ceux qui les avaient précédés.

—

ARTICLE Ier

D'Albret 1836

D'Albret, jardinier en chef de l'Ecole d'Agriculture et des arbres fruitiers au jardin du Roi, y professa l'arboriculture pendant les années 1827, 1828 et 1829. Il publia plus tard ses leçons sous ce titre : *Cours théorique et pratique de la taille des arbres à fruits.*

Cet ouvrage eut un grand succès, la deuxième édition est de 1836, c'est sur elle que je vais étudier la méthode de l'eminent professeur.

L'ouvrage se divise en trois parties. La première traite des *connaissances théoriques*, la seconde des *connaissances pratiques*; et la troisième dont je n'aurai pas à m'occuper, de *quelques insectes et maladies qui affectent les arbres fruitiers.*

Connaissances théoriques.

D'Albret conserve le nom d'*œil* au *tegument* ou enveloppe des bourgeons même

après la chute des feuilles : nous le nom-
mous alors *bouton à bois.*

Il appelle simplement *bouton* ce que nous
appelons *boutons à fruit.*

Il observe que, sur les arbres à fruit à
pépins, le bouton se trouve à l'extrémité des
rameaux, *rameaux couronnés*, et qu'on ne
le trouve pas sur les rameaux « à moins que
« ces rameaux ne soient modérément vigou-
« reux, ou que les abres qui les produisent
« n'aient des facultés fruitières extraordi-
« naires. »

Je cite cette observation pour montrer
combien il importe de conserver intactes,
sur certaines variétés, les longues brindilles
et même les rameaux afin d'obtenir une
prompte et abondante fructification.

Voici une autre observation de D'Albret,
qui contredit un principe généralement
admis avant lui : « C'est à tort, dit-il, que
« quelques auteurs anciens et modernes
« ont publié qu'il fallait du bois de deux
« et trois ans pour obtenir des fruits sur
« cette série d'arbres. Cette assertion est
« dénuée de tout fondement. » Comme
preuve, il cite le fait que des yeux pris sur
un rameau et greffés à œil dormant ont fleuri
au printemps suivant, et il ajoute : « Ce que
« nous avançons ici est connu de beaucoup
« de pépiniéristes ; c'est donc une absur-
« dité de prétendre qu'il est nécessaire
« d'avoir du bois de trois années pour
« obtenir du fruit. »

L'absurdité dont parle D'Albret est d'autant plus énorme, et l'erreur des auteurs

d'autant plus inexplicable que rien n'est plus commun que les poires sur le bois d'*un an* et de *deux ans* dans tous les vergers.

L'œil, en se développant, donne un *bourgeon* ; le bourgeon après la végétation , prend le nom de *rameau*, et le rameau couvert de bourgeons ou d'autres rameaux devient *branche*.

Il n'y a *ordinairement* que des yeux sur le bois de l'année, à la fin de la végétation. Je dis *ordinairement* parce que exceptionnellement, il s'y trouve des yeux transformés en boutons. Ceux des yeux qui s'éveillent pendant la seconde végétation, donnent, au sommet du rameau, des pousses de longueur variable, mais qui toutes sont un *bois lisse* portant des yeux plus ou moins visibles. Nous donnons à ces pousses les noms de dards, de brindilles et de rameaux selon leur plus ou moins d'étendue. Mais, au-dessous de ces pousses à bois lisse, il en est d'autres dont le support est formé par des *rides*. C'est la petite branche à fruit de Duhamel, longue de 6 à 15 lignes, raboteuse, cassante et comme formée d'anneaux parallèles: elle se termine par un gros bouton. Quand ce bouton sera à fruit nous le nommerons *lambourde*. Jusque là, c'est une lambourde, ou un bouton à fruit en formation. C'est le nom que lui donna M. du Breuil dans la première édition de son cours d'arboriculture en 1846, page 394.

D'Albret ne fait pas de différence entre les rameaux à bois *lisse* portant *des yeux* et les rameaux à bois *ridé* n'ayant qu'*un œil terminal.*

Il divise les branches à fruit en : 1° *rameaux couronnés*, c'est-à-dire, terminés par un bouton.

8° *Dards,* petits rameaux de 2 lignes à 2 pouces de longueur.

3° *Dards couronnés*, dards dont l'œil terminal est devenu bouton.

4° *Bourses*, ce sont les productions des bourgeons.

5° *Brindilles*, petits rameaux grêles, longs en moyenne de 4 pouces.

6° *Branches à fruit proprement dites* provenant de brindilles chargées de boutons, ou de rameaux dont un ou plusieurs ont pris le caractère de boutons et dont la majeure partie des autres produits se compose de dards ou de bourses.

Sous le rapport de la vigueur, D'Albret distingue les rameaux en *forts*, *faibles*, *languissants* et *épuisés*.

Sa manière de traiter les branches fortes ne ressemble pas à celles de tous les auteurs. Voici les opérations dont l'expérience lui a, dit-il, démontré l'efficacité.

« Pour empêcher le développement des « branches ou des rameaux forts et non « chargés de fruits, il faut les tailler très « court, afin de leur laisser peu de canaux « conducteurs de la séve ; si, au contraire, « on veut les développer, il faut les tailler « très long. Il est même nécessaire de les « en dispenser, afin que la quantité d'yeux « qui s'y trouveront puisse augmenter leur

« vigueur, car les *yeux bien constitués*
« sont autant de pompes propres à attirer
« la sève. »

Si donc une branche paraît prendre trop
de développement, il faut la tailler très
courte, ensuite éborgner et pincer très
rigoureusement et de très bonne heure
« afin de lui laisser peu d'organes propres
« à faciliter la végétation. »

Si, au contraire on veut fortifier une
branche faible bien constituée d'ailleurs et
en bon état de santé, on devra la tailler
longue et ne laisser que peu ou point de
boutons.

Je ne suis pas de l'avis de D'Albret.

J'observerai d'abord que la longueur de
la taille d'un rameau n'augmente ni ne diminue le nombre de canaux séveux qui se
rendent dans ce rameau ; elle réduit seulement le nombre d'yeux bien constitués entre
lesquels la sève est répartie.

J'admettrai que les *yeux bien constitués*
sont autant de pompes aspirantes, mais
j'ajouterai que le total d'aspiration dans
un rameau dépend moins du nombre des
pompes que de la force de ces pompes. Ainsi
20 pompes de la force de 5 chevaux aspire-
ront plus que 50 de la force d'un cheval. La
conservation de tous les yeux augmente le
nombre des pompes, mais diminue beaucoup la force aspirante de chacune. Cette
force, en effet, est en proportion avec la
vigueur des bourgeons que les yeux développeront or : ces bourgeons seront d'autant
plus vigoureux qu'ils seront moins nom-

breux pour se partager la sève amenée par
les canaux conducteurs. Il se couvriront
donc de nombreuses et larges feuilles, véritables organes aspirants, et le pincement,
même vigoureux, ne suffira pas pour rétablir l'équilibre en faveur de la branche
faible sur laquelle, D'Albret en convient,
page 151. « On s'expose à ce que plusieurs
« des yeux restent latents ou s'éteignent
« complètement. »

D'Albret cite un exemple à l'appui de son
principe. Ce sont des pêchers dont le prolongement n'avait jamais été taillé et qui
avaient une envergure de 78 pieds. Ces
arbres formés en éventail à deux branches
établies en forme d'arêtes de poisson, étaient
« assez bien garnis de branches couron-
« nées ». L'épuisement avait été la conséquence de ce traitement. C'est D'Albret lui-
même qui nous le dit, page 200. « J'ai
« appris depuis que ces branches ont été
« réduites au régime de toutes les autres,
« aussitôt que les rameaux de prolonge-
« ment sont devenus assez faibles pour
« prendre le caractére de branches à fruit
» de troisième ordre » c'est-à-dire, de
rameaux de la grosseur d'un porte-plume,
et de 10 à 30 centimètres de longueur.

L'épuisement, tel est le résultat de la non
taille des prolongements. D'Albret nous le
dit lui-même à la page 27 « l'épuisement
« des branches a souvent lieu volontaire-
« ment par l'effet d'une taille démesuré-
« ment longue, c'est ce qu'on appelle tail-
« ler en toute perte ou sans réserve. »

D'Albret ne donne qu'un seul principe général de taille. Celui de l'*équilibre de végétation*, et, quand l'équilibre est rompu sur les arbres en éventail, il indique plusieurs moyens de le rétablir.

Premiers moyens : Abaissement de l'aile vigoureuse, palissage sévère de tous les bourgeons et rameaux de la partie forte. — Conservation des auvents au dessus de cette même partie. « Des expériences tou- « tes récentes m'ont prouvé, dit-il, que ce « moyen peut remplacer la plupart de ceux « que l'on a mis en usage jusqu'à ce jour. « C'est aussi un excellent procédé à mettre « en pratique momentanément, pour dimi- « nuer l'extrême vigueur de la partie supé- « rieure et du centre de quelques arbres qui « auraient de la tendance à trop pousser « dans cette partie. » Les chaperons modé- rent aussi la vigueur des extrémités qui souvent s'emportent au detriment des par- ties centrales et des parties basses. Voici comment s'explique leur action. « On sait « généralement que c'est par l'influence « des rayons solaires que les feuilles décom- « posent les fluides répandus dans l'atmos- « phère pour s'en approprier le carbone ; « on sait également que cette absorption « contribue puissamment au développe- « ment des bourgeons : si donc on empê- « che certaines parties de l'opérer, leur « végétation doit être plus faible compara- « tivement à celles qui en ont la liberté, et « les parties qui en sont privées croissent « moins vigoureusement que les autres. »

Seconds moyens. Si les premiers moyens sont insuffisants, on emploiera le pincement sévère des bourgeons les plus forts « sur la partie vigoureuse. — la suppression des moins utiles — la mutilation d'un assez grand nombre de feuilles naissantes sur les plus forts bourgeons réservés.

Troisièmes moyens. Enfin, comme derniers moyens, on supprimera quelques rameaux à bois, les moins utiles, du côté fort. — on l'inclinera davantage, — on taillera un peu courts les rameaux vigoureux destinés à prolonger la charpente — on laissera la presque totalité des rameaux à fruit et on les taillera un peu plus longs que si l'arbre était uniforme dans ses parties.

Sur le côté faible, on opèrera en sens inverse. On taillera très court tous les rameaux même ceux à fruit. Les rameaux de prolongement taillés très long. Quand quelques uns d'entre-eux seront d'une belle constitutiou, il y aura avantage de les laisser sans tailler et on favorisera leur développement en les incisant longitudinalement.

D'Albret est d'accord avec le principe qu'il a émis plus haut sur la taille des rameaux forts et sur celle des rameaux faibles. Le lecteur sait que je ne partage pas sa manière de voir, et pourquoi je suis pour la taille *très longue* de la partie forte avec inclinaison de cette partie et pour la taille courte de la partie faible avec redressement.

Si les branches sont languissantes, il

faut les tailler très court et n'y pas laisser
de fruit ; tout le monde en convient.

D'Albret, toujours d'accord avec lui-même, veut que dans ce cas, la partie forte soit
taillée très court et même rapprochée sur
le vieux bois.

A ces moyens divers, l'auteur en ajoute
un spécial pour les pyramides : ce sont des
entailles, incisions parallèles ou opposées,
faites avec la serpette ou avec la scie plus
ou moins profondément sur la tige au-
dessus de la branche que l'on veut fortifier
ou au-dessous de celle que l'on veut affaiblir.
Dans le premier cas, on arrête la sève au-
dessus de la branche pour qu'elle se l'appro-
prie ; dans le second, on l'arrête au-dessous
afin qu'elle n'y puisse parvenir.

Connaissances pratiques.

Sous ce titre, D'Albret traite des opérations de la taille d'été, et de celles de la
taille d'hiver.

La principale opération de la taille d'été
est le *pincement*.

L'abbé Le Gendre ne pinçait que les branches qui s'élevaient trop, afin de les faire
fourcher et de garnir le corps de l'arbre.

La Quintinie pinçait les grosses branches
du haut pour les arrêter, et il pinçait aussi
les gourmandes et les grosses branches de
l'intérieur pour en obtenir une ou plusieurs
faibles propres à donner du fruit.

L'abbé Roger Schabol condamne le pincement comme la pratique la plus vicieuse

du jardinage et la cause du dépérissement des arbres, c'est, comme nous l'a dit l'abbé Rozier, que les *charpenteurs* d'alors, jardiniers sans principe, abusaient du pince-cement d'étrange manière.

Le pincement est aujourd'hui l'opération la plus importante de l'arboriculture, et on peut lui appliquer ce qu'Olivier de S erres a dit de la conduite du branchage : « C'est « où gist la plus subtile maîtrise de leur « gouvernement. »

Car le pincement exige beaucoup de science, d'intelligence et de pratique, et c'est le cas de répéter avec Duhamel : « Malheur à l'arbre conduit par un jardinier « automate! » Les jardiniers automates furent et seront toujours trop nombreux, car, parmi ceux qui taillent les arbres, il en est beaucoup qui ne peuvent mettre à leur service que la vigueur de leurs bras, ce qui ne les empêche pas de se croire très habiles parce qu'ils mesurent leur talent à la force de leur poignet.

Malheureusement l'expérience manquait aux maîtres qui commencèrent à vulgariser l'opération si importante et si utile du pincement. Ils enseignèrent et pratiquèrent un pincement automatique. Les arbres eurent peu à s'en féliciter, souvent, comme l'âne du jardinier, ils durent « avoir « regrêt à leur premier seigneur, » et maudire l'opération dont la Quintinie s'est dit l'inventeur.

« Le pincement, dit d'Albret, a pour but « de modérer la vigueur des bourgeons

« opérés, d'en arrêter le développement et
« de faire passer l'excédent de leur sève au
« benéfice de ceux qui resteront entiers. »
Très bien.

Son résultat est la formation de quelques
petits rameaux, d'un plus grand nombre
de brindilles et de dards.

Que D'Albret ait obtenu, *au-dessous des
rameaux pincés*, des brindilles et ce qu'il
nomme des dards, je le conçois ; mais que
sur ces mêmes rameaux, il se soit formé
autant de brindilles ou de boutons à fruit,
qu'un artiste en a *uniformément* crayonnés
sur les planches de son traité, je me permets
d'en douter, et je n'accepte que sous béné-
fice d'inventaire ces résultats obtenus sur le
papier.

En effet, il opère le pincement sur tous
bourgeons *vigoureux* dès qu'ils ont de 3 à 6
pouces. Il le fait à une longueur de un pouce
et demi, c'est-à-dire, à 4 centimètres et demi,
et, quand sur le bourgeon pincé il se
développe encore un bourgeon trop vigoureux, il recommence l'opération.

Lorsqu'un rameau oublié au pincement
mesure plus de six pouces, il est taillé à la
serpette « encore plus court, » par consé-
buent à environ 3 centimètres.

S'il fallait en croire les planches du *Cours
théorique et pratique*, ni sur les branches
bien équilibrées d'une pyramide, ni sur celle,
d'un éventail, aucun des bourgeons soumis
à ce pincement de 4 centimètres et demi
ne repousserait après l'opération ; car tous
à la chute des feuilles, montrent deux bou-

tons à fruit en formation, que l'on voit fleurir un an plus tard.

Mais ce n'est point ainsi que le poirier se comporte. Certaines variétés n'ont point d'yeux à l'aisselle des feuilles inférieures sur une longueur souvent de plus de cinq centimètres ; daus ce cas, le rameau pincé ne laisse, à la chute des feuilles, qu'un petit chicot destiné à périr. Dans d'autres variétés, il y a des yeux ; mais, après le pincement, ces yeux se développent en bourgeons anticipés dont il est plus difficile de tirer parti que du rameau lui-même, si le pincement avait été fait sur 4 ou 5 feuilles *ayant un œil chacune à sa base ?*

Je ne suis pas surpris de voir les arboriculteurs qui ouvrent une voie nouvelle s'égarer dans cette voie, et je n'en rends pas moins hommage à leur talent et à leur mérite. En arboriculture surtout, les opérations ont besoin, je l'ai déjà dit, de la sanction du temps et de l'expérience. Mais ce qui me surprend, et, je le dirai, me dépasse, c'est de voir des praticiens intelligents, des professeurs distingués donner comme la règle, un résultat qui est à peine l'exception et proposer pour exemples des figures dont jamais arbre n'a fourni le modèle.

D'Albret ne soumet au pincement à 4 centimètres et demi que les bourgeons vigoureux. Quant à ceux qui ont moins de vigueur, il leur laisse acquérir de 15 à 20 pouces, et, quand ils ont cette longueur, il en retranche la *partie herbacée* afin que la sève tourne au profit des yeux qu'ils portent.

Sur l'espalier, il pince, dès leur naissance, les bourgeons qui poussent sur les branches à fruit de peur qu'elles ne prennent le caractère de branches à bois. Quand un bourgeon oublié a pris le caractère de rameau, il le supprime ou le casse à 6 ou 8 lignes de sa base.

Sur la pyramide, ces bourgeons ne subissent aucune opération.

Grâce au pincement, D'Albret n'est pas obligé de faire le soi-disant ébourgeonnement imaginé par La Bretonnerie.

D'Albret blâme cette opération. Il blâme également les jardiniers qui, sous prétexte de donner à leurs pyramides une forme plus régulière, retranchent pendant la prétendue stagnation de la sève, c'est-à-dire à la fin de juillet ou en août, les deux tiers ou les trois quarts de la longueur des bourgeons de leurs pyramides. « Cette dange- « reuse opération, dit-il, fait souvent périr « l'arbre 25 ou 30 ans avant l'époque de sa « fin naturelle. »

Cependant il la recommande pour mettre à fruit les arbres d'un certain âge, très vigoureux et infertiles. « Le succès en est « certain, dit-il, quand on peut bien saisir « l'instant où la végétation est en repos et « que le temps n'éprouve pas de variations, « ce qui est très rare. »

J'ajouterai si rare, si rare, que le procédé ne paraîtrait pas déplacé dans un almanach.

Les principales opérations de la taille d'hiver sont :

1° Le *chargement* et le *déchargement*.

Charger un arbre ou une branche afin de l'affaiblir, c'est multiplier par une taille très longue sur l'arbre ou sur la branche, les petits rameaux, comme étant les seuls propres à donner du fruit.

Décharger afin d'augmenter la vigueur, c'est-à-dire la production du bois, c'est retrancher sur l'arbre ou sur la branche, tous ou presque tous les boutons, branches et rameaux à fruit.

Ces procédés recommandés par les premiers maîtres de l'arboriculture ont toujours leur valeur, il sera toujours utile de les mettre en pratique.

2° Le *cassement*. D'Albret casse à 6 lignes ou a un pouce de leur insertion les rameaux faibles, trop longs pour former des branches à fruit afin de faire développer des rameaux plus faibles et propres à former des brindilles et des dards destinés à donner des fruits.

D'où sortiront ces rameaux plus faibles ? D'Albret ne le dit pas, et je l'ai en vain cherché dans son traité et sur les figures. Si c'est des yeux stipulaires du rameau cassé, le cassement de D'Albret n'est que le cassement de l'abbé Roger Schabol, cassement auquel j'ai déjà dit que je préfère la taille à l'écu ; si c'est du rameau même que D'Albret espère les voir sortir, il retrouvera les mêmes déceptions que sur les bourgeons pincés à quatre centimètres et demi. Un chicot d'abord, ensuite, supposé qu'un œil se développe et soit aussi cassé à un pouce, un chicot sur un chicot : tel sera le résultat ordinaire du cassement à trois ou quatre centimètres.

La taille ou cassement à quatre centimètres, je la nomme dans mon traité, la taille chicot, et la décris ainsi ; Le tailleur en chicot ramène sans pitié toutes les pouses à quatre centimètres, formant autant de chicots que l'arbre a produit de rameaux. L'œil unique laissé snr le chicot donne une pousse aussi vigoureuse que celle de l'année précédente. Cette pousse subit la même opération que la première, et, comme résultat, on obtient un chicot sur un chicot. La troisième année produit un troisième étage de chicots. Il y a des chicotiers qui poussent jusqu'au quatrième étage, mais la plupart s'arrêtent au troisième, et, la quatrième année, ils taillent le chicot à l'écu pour faire partir un contre-œil. Le contre-œil donne une nouvelle matière à chicoter. On l'élève à son tour jusqu'à ce qu'il ait ses tiois étages, puis on l'abat. Nouvelle plaie ; résultat pratique de six ans de taille : *deux ulcères.*

Il y a quelque vingt ans, la gent chicotière régnait dans les jardins. En pouvait-il être autrement quand les auteurs et professeurs enseignaient, aux frais de l'état, le cassement à 4 ou 6 centimètres ?

3° Les *incisions longitudinales* et les *entailles*, dont nous avons déjà parlé, le *rapprochement*, le *ravalement* et le *recepage* complètent avec l'*éborgnage.* c'est-à-dire la suppression des yeux inutiles, ce que D'Albret nomme « *les régles de la taille.* »

Nous allons en voir l'application, ainsi que celle de tous les principes posés précédemment, dans un chapitre dont le titre est : *Des tailles modernes.*

D'Albret enseigne dans ce chapitre la manière d'élever le poirier sous les formes connues, alors savoir : l'éventail sur espalier ; le vase, la pyramide et la quenouille pour le plein vent.

Les planches du traité renferment un éventail et une pyramide sur lesquels l'auteur a indiqué, année par année, la marche progressive de chacune des tailles que l'arbre a reçues. Ces tailles sont au nombre de onze. Il nous suffira de les étudier sur l'éventail, parce que nous y trouverons des exemples de toutes les opérations.

Le but premier de D'Albret dans la formation de ce poirier en éventail a été le fruit. « De tout temps, dit-il, la taille sem-
« ble avoir eu le même but : faire produire
« beaucoup de fruits et donner aux arbres
« une forme agréable. »

Si l'on en croit la gravure, ce but a été parfaitement atteint. En effet, les branches sont complètement garnies de productions fruitières, et on n'y trouve aucun vide. Chaque année, les prolongements ont été taillés
« de manière à ce que les yeux qui s'y
« trouvaient pussent se développer pour
« former des dards et des brindilles, afin
« que chacun de ces produits se couronnât

10

« par un bouton, et, par suite, formât des
« branches à fruit. »

La longueur de la taille a été de 6 à 8
pouces sur les arbres de bonne vigueur, et
de la moitié de la pousse sur les arbres très
vigoureux.

Les étages sont établis à 15 centimètres
sans qu'il en résulte aucune confusion *sur*
le papier. Ils y paraissent au contraire
fort à leur aise.

Pour conserver et, au besoin, rétablir
entre eux l'équilibre, il a suffi généralement
de tailler court et de charger les rameaux
vigoureux, et de tailler long et de décharger
les rameaux faibles. On voit sur l'éventail un
rameau affaibli auquel on a conservé toute
sa longueur afin de lui restituer sa vigueur.
La pyramide avait, à la fin de la seconde
année, un premier étage très mal équilibré.
Les rameaux supérieurs mesuraient de 60
à 80 centimètres, et le rameau inférieur
n'en avait que 10. Les rameaux vigoureux
ont été taillés à 15 ou 20 centimètres. Le
petit rameau n'a reçu aucune taille. A la fin
de l'année, l'équilibre était rétabli, le
rameau non taillé avait donné un prolongement de 80 centimètres.

Pour obtenir la mise à fruit, D'Albret a
eu très rarement recours à la taille à l'écu ;
il a fait sur les pousses vigoureuses le pincement à un pouce et demi dont j'ai déjà
dit les résultats merveilleux ; il a conservé
les brindilles ordinaires, supprimé l'œil
supérieur de celles qui lui paraissaient trop
fortes, et, l'année suivante, sans aucune

opération nouvelle, rameaux pincés, brindilles éborgnées ou non éborgnées, dards,
ne formèrent qu'un bouquet de fleurs. Les
années suivantes, les fleurs ont succédé
aux fleurs, et l'opérateur n'a eu qu'à réduire
le nombre des boutons à fruit, conservant
autant de boutons qu'il veut avoir de poires.

L'aile de l'éventail représentée sur la
planche 4 a, après la onzième taille, une
longueur de trois mètres, elle couvre une
surface de quatre mètres carrés, dont trois
mètres seulement pourront donner des
fruits à la prochaine récolte. Or, déduction
faite du dixième des boutons à fruits mar-
qués pour l'abattage, il reste plus de trois
cents boutons. A un fruit par bouton, selon
l'estimation de D'Albret, ce sera une récolte
de trois cents poires sur trois mètres carrés,
ou de cent poires par mètre carré. Avec des
branches distantes seulement de 16 centimètres, il y a six mètres de branches
linéaires dans un mètre carré. Chaque mètre
fournira donc 17 poires. Comme le papier
est généreux !

D'Albret termine la seconde partie de
son traité par un chapitre sur *les tailles
anciennes et hétéroclites.*

Il passe successivement en revue les formes suivantes : éventail à la sieulle. —
Demi-éventail ou espalier oblique de Woi-
sette. — Eventail-palmette, éventail-queue-
de-paon. — Eventail à la Forsyth. — Eventail en U de Bengy-Puyvallée. — Eventail
Fauon. — Eventail candelabre. — Tonneli
ou espalier horizontal de Noisette. — Tétard-

Cepée. — Enfin la taille à la Cadet de Vaux.

On voit que l'imagination des arboriculteurs s'était déjà évertuée à créer des formes variées ; je n'ai pas à discuter leur valeur. Cependant dans l'intérêt des arboriculteurs je dois faire connaître l'appreciation de D'Albret sur la taille *hétéroclite* à la Cadet de Vaux, appréciation à laquelle, on le sait, je suis loin de contredire.

« A entendre l'auteur de cette taille, il
« fallait jeter la serpette au feu comme
« étant un instrument meurtrier ; il suffisait,
« a-t-il dit, de courber les branches en demi-
« cercle, soit concentriquement ou excentri-
» quement, pour avoir une très grande quan-
« tité de fruit, ce qui est vrai. Mais, si vous
« persistez dans ce système plus que le
« temps nécessaire pour préparer les arbres
« à en donner, ce qui a lieu à la deuxième
« ou à la troisième année, et si, à cette
« époque, vous négligez de proportionner
« les boutons à la vigueur de ces arbres,
« bientôt vous les verrez dépérir et mourir
« même ; et pour avoir négligé de vous être
« bien servi d'une serpette, vous êtes obligé
« d'employer la scie et la serpe pour faire
« la réforme des branches mortes ou mou-
« rantes. J'ai connu quelques personnes qui
« ont voulu adopter ce système, et qui
« n'ont pas été longtemps à revenir de leur
« erreur. »

La méthode de Cadet de Vaux avait, dès son début, commencé son œuvre destructive. Le Lieur nous a dit avec quelle effrayante rapidité elle l'avait étendue sur la France toute entière. On aurait pu espérer qu'après de tels méfaits, elle serait restée à jamais ensevelie sous les montagnes de fagots que les arboriculteurs trop crédules avaient dû faire avec les branches épuisées de leurs fruitiers mourants. Il n'en fut point ainsi.

En 1874, un avocat d'Autun, M. Dolivot, ayant eu occasion de voir chez un amateur des arbres formés au système Cadet crut avoir trouvé la pierre philosophale de l'arboriculture. Un artiste débarqué probablement tout fraîchement du nouveau monde, lui crayonna les formes les plus fantaisistes et donna à ses poiriers la végétation exubérante de la liane. Le traité de M. Dolivot tomba à Nancy aux mains d'un praticien, qui séduit par les images ne jura plus que par le renversement.

La Société d'horticulture de Nancy dont il était un des membres les plus ardents épousa, encouragea, médailla les doctrines nouvelles, contre lesquelles je luttai dès le premier jour. En 1882, je résumais ainsi mon opinion sur le système dans la première édition de mon traité d'arboriculture : *je ne puis le conseiller au propriétaire, il n'est avantageux que pour le pépiniériste.* Les résultats obtenus par les praticiens de la Société n'ont fait que confirmer cette appréciation comme je l'ai dit, en 1883, dans une brochure : *trois erreurs en arboriculture*, et, en 1886, dans une autre brochure : *Un succès à Nancy sur les*

formes renversées, et quoique, l'an dernier, une commission composée presque
exclusivement de pépiniéristes, après une
visite à laquelle la Logique empêchée n'avait
pu assister, visite rendue à quelques bébés
de quatre ans dont deux médaillés du renversement s'exerçaient à torturer les jeunes
membres, ait conclu dans son rapport que
« le système peut parfaitement être appliqué
« à tous les arbres fruitiers, » je n'en donnai
pas moins pour titre à ma réponse : *La fin
à Nancy des arbres à branches renversées.*
Car la plupart de ceux qui ont essayé le
système l'ont abandonné, et, si quelques
fidèles continuent leurs essais, c'est que
médaille oblige. Je veux les laisser finir en
paix l'éducation renversée de leurs jeunes
nourrissons, et revenant à l'arboriculture
sérieuse, ne plus troubler par mes notes
discordantes, le concert parfait de nos pépiniéristes en faveur du renversement.

ARTICLE II.

M. DU BREUIL 1846 A 1882.

M. du Breuil, l'éminent professeur dont
la parole savante et sympathique forma,
dans toute la France, de nombreux auditeurs
à l'amour et à la pratique de l'arboriculture,

publia, en 1846, le première édition de son
*Cours théorique et pratique d'arboricul-
ture*. Ce cours fut mon premier maître,
maître respecté dont j'acceptai tous les
enseignements sans contrôle. Si depuis
l'expérience ont créé entre M. du Breuil et
moi des divergences, spécialement sur la
question que je traite dans ce volume, je
n'en suis pas moins resté fidèle aux principes généraux exposés dans le *cours théorique et pratique*. Aussi M. du Breuil, les
a-t-il retrouvés dans mon traité, où « tout
« m'a-t-il écrit, est parfaitement d'accord
« avec sa manière de voir. »

M. du Breuil s'est reconnu dans mes
écrits comme j'ai reconnu d'Albret dans les
siens. Il fut probablement le disciple de
d'Albret ; mais il n'en fut ni le copiste, ni
l'esclave, et il introduisit alors dans son
enseignement des changements qui, je dois
le dire, ne me paraissent pas tous également
heureux.

Ainsi, par exemple, je préfère avec
d'Albret chercher, dans la taille, d'abord
l'abondance des fruits et ensuite la beauté et
l'agrément de la forme, que de dire comme
M. du Breuil : « Le but de la taille des
« arbres fruitiers est d'abord de leur donner
« une forme en rapport avec la place qu'on
« veut leur faire occuper, puis aussi d'en
« obtenir, chaque annnée, une égale quan-
« tité de fruits volumineux. »

M. du Breuil excellait dans la formation
des arbres. Quand il publia son cours, il
professait au jardin des plantes de la ville

de Rouen ; je tiens d'un témoin oculaire, qu'il n'est pas, dans le traité, une seule forme qui ne soit la fidèle reproduction de celles qui existaient au jardin. J'ai laissé dire qu'il n'en est pas toujours ainsi dans les jardins-écoles, et on m'en a cité qu'on accusait, à tort ou à raison, de n'être pas une démonstration pratique des affirmations contenues dans le traité des auteurs qui les dirigeaient.

La fructification répondait-elle, dans le jardin de Rouen, à la correction et à l'harmonie des formes ? Je n'oserais l'affirmer. Je me suis permis de témoigner peu de confiance dans les opérations que faisait d'Albret pour préparer le rameau à devenir porte-lambourde ; or, M. du Breuil n'avait point encore assez perfectionné les procédés de d'Albret pour que le résultat pût être sensiblement modifié.

Les opérations préparatoires à la mise à fruit sont : le pincement à la taille d'été, et le cassement à la taille d'hiver. C'est à peine, si M. du Breuil, dans sa première édition, parle de ces opérations. Ainsi, tandis que, sur les 250 pages consacrées à la culture des fruits de table, 120 traitent de la description des formes et de la manière de les obtenir, trois ou quatre membres de phrase, épais çà et là, indiquent seuls, comme nous allons le voir, les opérations à faire pour obtenir la mise à fruit du poirier, savoir : le pincement et le cassement.

I. Le pincement.

A la page 431, M. du Breuil, après avoir tracé les règles du pincement pour le pêcher ajoute :

« Pour toutes les autres espèces d'arbres « en espaliers les bourgeons destinés à for- « mer des rameaux à fruit seront pincés « lorsqu'ils auront atteint une longueur « de 8 centimètres environ. » Il en est de même des bourgeons sur les arbres en plein vent.

Quand les bourgeons pincés développent un ou deux bourgons anticipés vers leur sommet, ceux-ci devront être pincés de nouveau, lorsqu'ils auront atteint une longueur de 8 centimètres.

Ls pincement consistant à écraser l'extré- mité herbacée d'un bourgeon, il semblerait que le bourgeon de 8 centimètres dût con- server, après l'opération, une longueur de 7 centimètres.

Ce n'est point ainsi que l'entend M. du Breuil, à en juger par ce qu'il écrit à la page 523, sur la formation de la pyramide, forme qu'il disait alors « incontestablement « la plus avantageuse. »

« Les bourgeons développés sur les bran- « ches latérales sont pincés à 3 centimè- « tres de leur naissance, lorsqu'ils n'ont « que 6 centimètres de longueur environ, à « l'exception du bourgeon terminal qui est « laissé intact. »

Si les yeux placés à l'aiselle des feuilles

de ces bourgeons pincés se développent en bourgeons anticipés, ceux-ci seront également pincés lorsqu'ils auront atteint la longueur de 6 centimètres.

Si le rameau de 6 centimètres doit être pincé à 3, il semble naturel de pincer à 4 le rameau qui en a 8.

M. du Breuil pince donc sur les espaliers et sur les arbres de plein-vent à 4 centimètres, et sur les pyramides à 3, sans donner ta raison de cette différence. D'Albret pinlçait le tout à 4 centimètres et demi. Les critiques que j'ai faites sur son pincement s'appliquent donc à celui de M. du Breuil. L'honorable professeur l'a compris depuis, et, dans sa 10ᵉ édition en 1881, il explique les inconvénients du pincement court « que « beaucoup de praticiens pratiquent âit-il, « d'une manière trop intense. »

II. Le cassement.

« Les petits rameaux destinés à être « transformés en lambourdes, recevront « l'opération du *cassement.* »

M, du Breuil donne au mot *lambourde* la signification que j'ai dite dans le chapitre précédent, signification maintenant uniformément acceptée. « La *lambourde* est un « petit prolongement très court, gros, « charnu, qui n'a souvent lors de la pre- « mière année de sa naissance, que 1 à 3 « centimètres de long. Il est pourvu d'un « *seul bouton à son sommet.* Chaque année,

« ce bouton développe une rosette de feuil-
« les avec un *seul bouton terminal* et le
« rameau s'allonge d'un centimètre ; vers
« la *troisième* année, ce bouton terminal
« produit des fleurs. »

D'après cette définition, il est évident que
l'auteur, a mal traduit sa pensée, lorsqu'il
dit : « les petits rameaux destinés à être
transformés en lambourdes. » Ce n'est pas le
rameau, mais les boutons que porte ce rameau qui seront transformés en lambourdes. Voilà pourquoi, dans mon traité, je le
nomme *porte-lambourde*.

Donc, sur tous les arbres, excepté sur le
pêcher, M. du Breuil fait le cassement des
rameaux uniformément à environ 6 centimètres de leur naissance. « Il résulte de
« ce procédé, dit-il, que la plaie qui est faite
« se cicatrise plus difficilement que si ce
« rameau eut été coupé. Celui ci reste un
« peu languissant et les boutons qu'il
« porte se transforment en boutons à fleurs,
« au lieu de développer des bourgeons.
« Lors de la taille d'hiver suivante, on
« coupe le rameau au-dessous de la cassure
« de manière à remplacer la première plaie
« par une amputation nette qui se cicatrise
« facilement. »

Je m'explique difficilement le cassement à
six centimètres, sur des rameaux auxquels le
pincement n'en a laissé que 3 ou 4. Supposant la chose possible, j'observerai que
le résultat de ce cassement sera, en
général, le même que celui du cassement à un pouce de d'Albret, c'est-

à-dire , sur certaines variétés , un chicot, sur d'autres, un bourgeon vigoureux
sur le rameau cassé comme l'auteur le pré-
voit à la page 524. Ces bourgeons soumis
au pincement à 3 centimètres ne donnera
ordinairement qu'un chicot sur un chicot.

Ce n'est cependant pas le résultat indiqué
par M. du Breuil. La figure 25 représente
un bourgeon qui a subi trois pincements,
par conséquent un bourgeon très vigoureux.
Ce bourgeon cassé à un centimètre au-
dessous du pincement inférieur porte deux
boutons. La figure 216 nous montre ces
deux boutons un an après l'opération du
cassement. Tous deux ont grossi. Le rameau
qui les porte a été coupé au-dessous de la
cassure à la taille d'hiver, et les boutons
ont achevé, la *troisième année,* leur transformation en boutons à fruit pour donner
des poires l'année suivante.

Ce qui précède suffit pour faire connaître
l'enseignement de M. du Breuil en 1846.
Comme dans ses dernières éditions, l'auteur
à complétement modifié sa manière d'opérer, et démontré lui-même les inconvénients
du cassement trop court, je n'insiste pas
d'avantage, et j'arrive de suite à l'examen
de sa méthode actuelle telle qu'il l'a exposée
dans l'*instruction élémentaire sur la
condiute des arbres fruitiers,* 10ᵉ édition
1881, sous ce titre : *obtention et entretien
des rameaux a fruits.*

Obtention et entretien des rameaux à fruit.

Avant de commencer l'examen de la

méthode de M. du Breuil, je ferai deux observations.

Première observation. — M. du Breuil, pose comme un fait ce que D'Albret a nommé une absurdité, savoir qu'il faut *trois ans* pour l'obtention du bouton à fruit, ou *deux ans* pour opérer la transformation en *lambourde* d'un bouton déjà formé.

C'était son enseignement en 1846. A la page 526, où il est traité de la *cinquième* taille de la pyramide, on lit : « Quelques « unes des lambourdes des branches infé- « rieures ont déjà fructifiées pendant l'été « qui vient de s'écouler, » c'est-à-dire après la quatrième taille, sur des branches âgées de *quatre* ans. C'est la confirmation des figures 198 et 199 représentant, l'une une lambourde fleurissant la *troisième* année de son développement, l'autre une brindille avec bouton sur le bois de *trois* ans, C'est l'application de ce qu'il dit, à la page 387. « Dans les arbres à fruit à pépins, « les boutons à fleurs sont ordinairement à « *l'extrémité de petites branches*, courtes, « rabougries, charnues, âgées ordinaire- « ment de *trois* ans, et auxquelles on donne « le nom de *lambourdes,* » on voit sur cette même page, une brindille couronnée, au sujet de laquelle du Breuil dit : « Quelque fois aussi ces boutons naissent à « l'extrémité des rameaux nés de l'année « précédente, mais ce cas est beaucoup « plus rare. »

Tel encore son enseignement en 1882. Il est une forme qui permet de récolter de bonne heure, c'est le cordon. Le cordon oblique donne des fruits la *seconde année* de la plantation ; la *troisième année*, il est en pleine production. C'est un fait que personne n'ignore, et cependant, M. du Breuil, l'inventeur des cordons, dit, page 94, que le cordon oblique ne donne ses premiers fruits que « pendant le *quatrième été*, » alors que sa forme peut déjà être complète.

On lit à la page 108 : « Les rameaux à « fruits ne sont en général entièrement « constitués que vers la *troisième* année « qui suit leur développement. Si ce résul-« tat est obtenu avant cette époque, ce sera « l'indice d'un état de souffrance dans les « parties de l'arbre où ce fait se produira. » N'en déplaise à M. du Breuil, ni les bran-ches charpentières, ni les dards, ni les brindilles sur lesquels la nature forme *régulièrement* le bouton à fruit pendant la *seconde* végétation, ni les porte-lambourde sur lesquels je dirai la manière de l'obtenir dès la *deuxième année* du traitement, n'ac-cusent la souffrance que suppose M. du Breuil.

Deuxième observation. — Je me demande si M. du Breuil a bien compris les conditions de la mise à fruit si nettement exprimées par La Quintinie.

Je distingue deux sortes de mise à fruit : la mise à fruit *naturelle,* et la mise à fruit *artificielle.*

La mise à fruit *naturelle* est celle qu

s'opère sur l'arbre, sans ou presque sans le concours de l'arboriculteur. La mise à fruit *artificielle* est celle que l'arboriculteur produit, en convertissant en lambourdes les boutons d'un rameau, qui, sans son travail, n'auraient pas donné de fruits, au moins pour le moment.

La mise à fruit naturelle, ou la formation naturelle des boutons à fruit sur un arbre résulte de l'*ensemble* des conditions dans lesquelles la végétation s'est accomplie.

Ces conditions sont :

1° L'espèce de l'arbre , son âge et sa vigueur ;

2° Les agents atmosphériques, air, chaleur et lumière ;

3° Le sol avec ses éléments, son humidité et sa richesse en matières assimilables.

C'est sous l'influence *simultanée* de tous ces agents que s'opère la mise à fruit.

La nécessité de cet ensemble d'action explique des faits bizarres dont nous sommes souvent témoins.

Qui n'a vu des arbres de même espèce, de même âge, de même force, placés dans des conditions qui paraissent identiques, couverts les uns de boutons à fruit, les autres de boutons à bois ? Qui n'a souvent observé le même phénomène sur les diverses branches d'un même arbre ?

Il y a des arbres rebelles à la fructification: ce sont en général, ceux dont la vigueur est excessive.

J'ai déjà indiqué les divers moyens inventés par les arboriculteurs afin de dompter

cet excès de vigueur, M. du Breuil rappelle
tous ces moyens, et il en ajoute deux nouveaux, savoir : la greffe de boutons à fruit
sur les branches de la charpente, et l'entaille
annulaire de cinq milimétres faite au pied
de l'arbre, avec la scie, assez profondément
pour entamer la couche de bois la plus
extérieure.

Pour expliquer l'action de ces procédés
divers, M. du Breuil pose le principe suivant :

« *Plus la sève est entravée dans la*
« *circulation, moins elle agit avec force*
« *sur le développement des bourgeons, et*
« *plus elle produit de boutons à fleur.* »

« Les arbres, dit M. du Breuil ne commen-
« cent à former des boutons à fleurs qu'après
« avoir acquis un certain développement.
« Il faut, pour que ces productions appa-
« raissent, que la sève circule lentement
« et qu'elle subisse ainsi une préparation
« sans laquelle elle ne donne lieu qu'à
« des boutons à bois. Lorsque les arbres
« ont acquis un certain développement, la
« rapidité de la circulation de la sève est
« ralentie par l'étendue des ramifications
« qu'elle a à parcourir, et aussi par les
« lignes plus souvent brisées qu'elle est
« obligée de suivre. C'est alors seulement
« que les boutons à fleur commencent à se
« former. L'apparition de ces organes est
« si bien dûe à l'action peu intense de la
« sève sur les bourgeons, que les arbres n'ont
« jamais plus de boutons à fleurs qu'alors
« qu'ils sont souffrants. »

Cette dernière phrase s'accorde peu avec la première. Car on voit souvent des arbres souffrants et couverts de boutons à fruit, sans qu'ils aient pris aucun développement: tels sont ceux dont la plantation a été mal faite.

M. du Breuil attribue, à la *rapidité* de la circulation un résultat qui est produit par *l'abondance* de la sève. Cette abondance est *absolue* ou *relative*. *Absolue*, quand elle est en excès proportionnellement au nombre de boutons qu'elle doit nourrir sur *toutes les parties de l'arbre* ; *relative*, quand elle se porte en trop grande quantité dans *certaines parties* seulement.

On combat l'abondance absolue, soit en diminuant, par le retranchement des racines les organes absorbants; soit en multipliant, par une taille longue et le chargement à la manière des anciens, les organes élaborants. On combat l'abondance relative, en empêchant la sève d'arriver dans les rameaux trop vigoureux. La courbure, les lignes brisées contribueront à diminuer l'abondance, surtout si, sur la courbure, on laisse croître des gourmands, si on fait ce que La Quintinie nommait « des coups de maistre. »

C'est par ces moyens et d'autres que certains boutons se trouvent recevoir « la « quantité de sève qui est presque également « ment éloignée et de l'excès du trop et du défaut de trop peu. » Cette sève, quand elle est suffisamment élaborée par les feuilles, les fait grossir et les met à fruit.

Le bouton à fruit se trouve très souvent sur le bois de *deux* ans, vers le tiers inférieur des branches verticales très vigoureuses dont le sommet est couvert de rameaux, de brindilles et de dards, tandis, qu'à la base, les boutons sont à peine formés. Pourquoi cette différence? Il n'est pas facile de l'expliquer par le *ralentissement* de la circulation de la sève. En effet la circulation doit être plus rapide dans la partie inférieure du rameau où rien n'arrête sa marche, que dans la partie supérieure où chaque bourgeon lui fait obstacle.

L'explication se trouve dans la Proposition VI de Duhamel : « L'action de la sève « sur les boutons d'une branche est pro- « portionnelle à leur distance ou à leur « éloignement de la naissance de cette « branche. » Conformément à cette proposition, les boutons du sommet ont eu l'excès du trop ; ceux de la base, le défaut du trop peu ; et les boutons intermédiaires la quantité *nécessaire et suffisante*. Voilà pourquoi ils se sont mis à fruit, tandis que les boutons supérieurs donnaient du bois et que les boutons inférieurs restaient en formation ou endormis.

Je ne puis trop engager le lecteur à se bien pénétrer de cette vérité. Elle est le fondement de ma méthode et la base de la fructification *artificielle*.

C'est pour ne l'avoir pas bien comprise, c'est aussi pour être parti d'un principe faux, celui de la formation des boutons en *trois* ans, que M. du Breuil a écrit sur la mise à fruit des rameaux beaucoup d'inexactitudes que je dois relever.

Première année. — Les rameaux à fruits doivent être distribués sur toute la longueur de chacune des branches de charpente, sans interruption. Or, comme ces rameaux résultent du développement des boutons à bois en bourgeons peu vigoureux, il est nécessaire, afin d'obtenir ce développement, de raccourcir un peu, par la taille, le rameau de prolongement. Tout ceci est incontestable. Mais quelle sera la longueur à supprimer ?

Selon M. du Breuil, cette longueur sera proportionnelle au degré d'inclinaison. Elle sera nulle sur les cordons horizontaux, nulle sur les vases à branches croisées et inclinées à 30 degrés, nulle sur les cordons verticaux courbés en spirale, parce que, dit-il, l'inclinaison ou la courbure suffisent pour faire développer tous les boutons en petits dards. Elle sera d'un tiers sur les branches inclinées à 45 degrés, et de la moitié au moins sur les branches verticales.

De cet enseignement, il résulte qu'avec une équerre et un compas on résoud une des opérations les plus délicates de la taille. M. du Breuil ne tient pas compte, comme le fait Le Lieur, de la force du rameau et des dispositions du bourgeon de l'espèce à s'ouvrir en plus ou moins grand nombre au-dessous de la taille. L'inclinaison remédierait-elle à tout ?

Préviendrait-elle aussi l'affaiblissement progressif du prolongement et, par suite, celui des branches et de l'arbre tout entier ?

Rien n'est funeste comme cet affaiblissement. M. du Breuil en décrit les effets lorsqu'il est produit par une surabondante fructification. « Les branches principales, « ne fournissent qu'un chétif rameau ter- « minal, et les racines ont à peine la force « de développer de nouveaux prolonge- « ments... l'arbre reste donc languissant « et stérile pendant les années suivantes. » Page 124.

Rien n'est nécessaire, pour le prévenir, comme un vigoureux prolongement.

« QUELLE QUE SOIT LA FORME DONNÉE A LA « CHARPENTE D'UN ARBRE SOUMIS A LA TAILLE, « SOIT EN ESPALIER, SOIT EN PLEIN AIR, IL « IMPORTE DE FAIRE DÉVELOPPER, CHAQUE « ANNÉE, A L'EXTRÉMITÉ DES BRANCHES DE LA » CHARPENTE, APRÈS LEUR FORMATION COM- « PLÈTE, UN BOURGEON VIGOUREUX. »

Ce principe écrit en gros caractères, à la page 33, s'applique à plus forte raison encore aux arbres *en formation*, puisque, pour eux, un prolongement vigoureux sert non seulement à nourrir la branche, mais encore à continuer la charpente.

Obtiendra-t-on ce prolongement vigou- reux sur les rameaux non taillés dont, grâce à l'inclinaison horizontale ou à l'arcure, tous les boutons se seront développés en bourgeons ?

Les arbres répondent non, et M. du Breuil

en donne les raisons. Il nous a dit « *plus*
« *la sève est entravée dans sa circulation,*
« *moins elle agit avec force sur le déve-*
« *loppement des bourgeons,* » page 25.
On lit à la page 23 : « *La sève fait déve-*
« *lopper des bourgeons beaucoup plus*
« *vigoureux sur un rameau taillé court*
« *que sur un rameau taillé long.* » De ce
principe incontestable, M. du Breuil, conclut
que, pour rétablir la vigueur d'un arbre
épuisé, il faut le tailler court pendant un
an.

J'ajouterai, pour les mêmes motifs, que
pour épuiser un arbre, il faut ne pas le
tailler, et que pour obtenir un épuisement
plus prompt et plus complet, il faut incliner
horizontalement ou arquer le prolongement
non taillé. La précaution qu'aura l'arboriculteur de relever la pousse de l'année
n'atténuera que bien légérement les effets
de ces deux causes destructives.

Quoiqu'il en soit, voyons comment va se
comporter, selon M. du Breuil, ce rameau
plus ou moins raccourci.

Tous les boutons, dès les premiers jours,
du mois de mai, se développeront en bourgeons.

1° Chacun des rameaux de prolongement
est pourvu d'un bouton si favorablement
placé que, malgré les pincements, il donne
toujours lieu à un rameau trop vigoureux.
Il sera coupé sur son empâtement dès qu'il
aura de 4 à 5 centimètres, les deux *boutons
stipulaires* qui accompagnaient le bouton
principal, donneront deux petits bourgeons
dont on supprimera le plus fort.

Je pratique quelque fois, mais rarement,
l'ébourgeonnement du bourgeon supérieur
parce que : 1° il est *en général* facile à
dompter par le pincement et s'utilise
par la greffe de bouton à fruit ; 2° les
yeux stipulaires dans certaines variétés
restent endormis ; 3° si le bourgeon consti-
tue un véritable gourmand, il y a avantage
à le conserver et à s'en servir pour prolongement en supprimant le bourgeon supérieur.

2° « Aussitôt que les bourgeons destinés
« à former des rameaux à fruits ont atteint
« une longueur de 10 à 12 centimètres, on
« les pince, c'est à dire qu'on coupe la
« pointe avec l'ongle ; si, après le pincement
« il se produit un bourgeon anticipé sur le
« sommet, celui-ci sera également pincé
« lorsqu'il aura atteint une longueur de 8 à
« 10 centimètres et l'on répétera l'opération
« si cela devient nécessaire. »

Un pincement *mécanique* de 10 à 12
centimètres qui, sur certaines variétés donnera trois boutons à la fin de la végétation,
sur d'autres en donnera jusqu'à 10, un
nouveau pincement *mécanique* de 8 à 10
centimètres : voilà ce que conseille M. du
Breuil. Pourquoi ? Il n'en donne pas la raison, je n'ai pas été assez habile pour la
deviner.

3° Les bourgeons oubliés qui ont atteint
une longueur de 20, 30 centimètres et plus,
sont soumis à la *torsion*.

Je ne blâme pas cette opération inventée
par l'abbé Roger Schabol, mais je lui pré-

fère la taille en vert sur 5 ou 6 boutons. Mes arbres n'ont pas la fougue de ceux de M. du Breuil. Sur ses arbres, *tous* les yeux placés à l'aisselle des feuilles conservées sur les bourgeons de plus de 20 centimètres, rompus à 12 centimètres, se développent *immédiatement* en bourgeons anticipés ; sur les miens, un ou deux yeux seulement se développent et les autres se contentent de grossir.

Deuxième année. — Les opérations ci-dessus décrites ont produit sur le prolongement « une série de rameaux d'autant moins « vigoureux qu'ils sont plus rapprochés de « la base de ce prolongement. »

Sur le tiers inférieur, ce sont de petits rameaux « entièrement courts, figure 104, « on leur donne le nom de *Dards*.

Sur le tiers intermédiaire, on a de petits rameaux, longs de 4 à 8 centimètres, figure 105. Ce sont aussi des *Dards*.

M. du Breuil confond ici sous un même nom deux espèces de productions, celles du tiers inférieur et celles du tiers intermédiaire et un tiers supérieur qui n'ont absolument rien de commun, ni dans leur constitution ni dans leur mode de végéter.

Les premières n'ont qu'un bois ridé, terminé par un seul bouton. Chaque année, comme l'explique très bien M. du Breuil, ils développent une rosette de feuilles portant un bouton au sommet et s'allongent de quelques millimètres, jusqu'à ce que le bouton *unique et terminal* ait opéré sa transformation en bouton à fruit.

Les seconds sont de véritables rameaux à bois lisse, comme les brindilles et les rameaux à bois. Ils ont des boutons *latéraux* au dessous du bouton terminal, et tous ces boutons, l'année prochaine, seront des boutons à fruit, formés ou en formation, des *lambourdes* ou des *petits dards*, selon l'appellation de M. du Breuil. Sur le tiers supérieur se trouvent des rameaux qui ont subi le pincement ou la torsion, les uns peu vigoureux ou de vigueur moyenne, les autres plus vigoureux qui ont été soumis pendant l'été à des pincements réitérés.

Il n'est question, dans cette énumération, ni des boutons à fruit si communs entre les boutons en formation du tiers inférieur et les dards du tiers intermédiaire, ni des rameaux grêles de plus de 8 centimètres, auxquels nous donnons le nom de *brindilles* et que l'on trouve en si grand nombre entre les dards et les rameaux pincés.

M. du Breuil ne parle pas des premiers qui sont la réfutation complète de son principe fondamental sur la formation du bouton à fruit en TROIS ans.

Quant aux *brindilles,* il en parle plus loin et indique le traitement qu'il convient de leur appliquer selon qu'elles sont faibles, de vigueur moyenne, ou très vigoureuses.

TROISIÈME ANNÉE. — Examinons maintenant comment, d'après M. du Breuil, va s'opérer la mise à fruit sur chacune de ces productions.

I. PETITS DARDS SITUÉS SUR LE TIERS INFÉRIEUR

Ces petits dards qui déjà ont accompli leur *deuxième* végétation se constituent d'eux-mêmes en rameaux à fruit « à leur *troisième* année de formation ».

M. du Breuil suppose probablement que la nature, comme une bonne mère, leur distribuera *également* la nourriture dès qu'ils commencent leur transformation en boutons à fruit. C'est en vain que les petits dards du sommet invoqueront le principe de l'inégale répartition de la sève en vertu duquel nous aisait, il n'y a qu'un instant, M. du Breuil ; « les petits rameaux sont d'au- « tant moins vigoureux qu'ils sont plus « rapprochés de la base du prolongement ». Tous les boutons du tiers inférieur accompliront en même temps leur transformation, comme le feront ceux du tiers intermédiaire.

Du temps de La Quintinie, la mise à fruit commençait au sommet des rameaux et *successivement* les boutons à fruit se rapprochaient de la base, jusqu'à ce qu'enfin « ils « achevaient de se former à la dernière par- « tie qui approche le plus de l'endroit qui « leur a donné naissance ».

Sur les arbres de M. du Breuil, la formation est *simultanée*. Je veux bien le croire.

Mais que donneront ces boutons obtenus en *trois* ans sur les très petits dards ? Que deviendront plus tard ces très petits dards ?

Ce que donneront les boutons ? Presque toujours, des *fleurs* ou des fruits qui n'arriveront pas à maturité.

Ce que deviendront les dards ? Après quelques floraisons stériles, ou même avant d'avoir fleuri, la plupart disparaîtront et ne laisseront qu'un vide sur la branche.

Boutons et dards mourront affamés. En voici la raison.

Pendant leur seconde végétation, tandis que les boutons des deux tiers supérieurs du prolongement devenaient de véritables rameaux, ceux du tiers inférieur ne donnaient, faute de nourriture, que des pousses faibles, à maigre support ridé « de très petits dards ». Pendant la troisième végétation, ces très petits dards placés dans des conditions plus désavantageuses encore, puisqu'ils étaient plus éloignés du sommet de la branche et qu'ils avaient au dessus d'eux les rameaux de deux végétations, « ont dé-« veloppé seulement une rosette de feuilles « portant un bouton au centre et se sont « allongés de quelques millimètres » sur leur support à rides. Ils vont fleurir pendant leur quatrième printemps, surmontés de trois générations qui attireront toute la sève.

Pendant la deuxième végétation, il y eut diète dans le tiers inférieur du prolongement ; pendant la troisième végétation famine ; pendant la quatrième, ce sera grande famine, et, par elle, avortement des fleurs ; puis, chaque année la famine augmentant, on verra « les petits dards » s'amaigrir et disparaître tour-à-tour.

II. LES DARDS SITUÉS SUR LE TIERS INTER-MÉDIAIRE

Les dards du tiers intermédiaire ont de 4 à 8 centimètres, celui dont M. du Breuil donne la figure porte cinq boutons. C'est la nature elle-même, qui opèrera leur trans-formation en boutons à fruit, faisant à cha-cun une distribution *égale* de nourriture. La deuxième année, *tous* ces boutons gros-sissent *également*, et la troisième année, *tous*, du sommet à la base, sont *également* boutons à fruit.

Je suis moins heureux avec les dards ou les brindilles de mes poiriers, mais ce qu'ils me refusent en quantité, ils me le don-nent en précocité. Il y a compensation.

Quelquefois, dès la première année, le bou-ton terminal se met à fruit. *Ordinairement*, il s'y met la seconde année, et, assez sou-vent, un ou deux des boutons qui l'accom-pagnent se mettent à fruit en même temps que lui, tandis que les boutons inférieurs restent en formation. C'est plus conforme aux principes.

III. RAMEAUX SITUÉS SUR LE TIERS SUPÉ-RIEUR DU PROLONGEMENT.

1° *Rameaux peu vigoureux ou de vi-gueur moyenne qui n'ont subi qu'un pin-cement.* « Ces rameaux sont *cassés com-« plètement* à 8 ou 10 centimètres de leur

« base, immédiatement au dessus d'un bou-
« ton, et toujours de façon à ce qu'il reste
« au moins trois boutons bien formés au
« dessous de la partie cassée ».

La figure 106 représente un rameau pincé
pendant l'été et soumis au cassement complet en hiver, ce rameau porte sept boutons.
Leur transformation en boutons à fruit se
fera, selon M. du Breuil, comme celle des
boutons des dards de la partie moyenne. En
effet, sur la figure 113, *rameau soumis au
cassement complet depuis un an*, on voit
les boutons *également* transformés en petits dards, et la figure 120, *rameau deux ans
après le cassement complet*, nous les montre *tous* transformés en lambourdes, sans
l'intervention de l'arboriculteur. C'est aussi
simple que commode. Je n'ai point encore
cultivé d'arbres aussi gracieux. Sur ceux
que je soigne, presque toujours le bouton
supérieur, même des rameaux qui n'ont subi
qu'un pincement, se développe en bourgeons
et m'oblige à toute une série d'opérations
pour obtenir la mise à fruit *successive* des
boutons inférieurs. Il est vrai que je l'obtiens un an plus tôt que M. du Breuil ; ici
encore il y a compensation.

2° *Rameaux vigoureux ayant subi plusieurs pincements.*

Sur ces rameaux, M. du Breuil ne pratique pas le *cassement complet*, parce que
ce cassement n'arrêterait pas suffisamment
la vigueur du rameau et que les boutons
inférieurs au cassement se développeraient
en bourgeons vigoureux.

Je ne suis pas de l'avis de M. du Breuil, et je suppose qu'un rameau vigoureux comme celui de la figure 107, ait subi un *cassement complet* au lieu d'un cassement partiel au dessus du septième bouton, tous les sept boutons ne se développeraient pas en bourgeons vigoureux et il en resterait au moins trois ou quatre que l'on pourrait transformer en boutons à fruit.

Au lieu d'un *cassement complet*, M. du Breuil opère un *cassement partiel* conservant toujours au moins trois boutons au dessous de la partie opérée.

La figure 107 représente un rameau pincé trois fois pendant l'été et soumis au cassement partiel. La partie inférieure porte sept boutons, la partie supérieure a été conservée *entière*, telle qu'elle était à la fin de la végétation.

Quel sera le résultat du cassement partiel? Le *premier* résultat se voit sur la figure 114, *rameau soumis au cassement partiel depuis un an.* Tant au dessus qu'au dessous de la demi-cassure, *tous* les boutons ont donné lieu, pendant la deuxième végétation, à autant de petits rameaux très courts.

Le résultat *final* est donné sur la figure 121, *rameau deux ans après le cassement partiel. Tous* les petits dards situés *au dessous* de la demi-cassure sont devenus des lambourdes, tandis que *tous* les petits dards situés *au dessus* de cette même demi-cassure sont restés dans un état stationnaire. Ils n'ont ni grossi, ni maigri. C'est merveilleux, mais absolument contraire à tous les principes, c'est de la pure fantaisie. En effet, le résultat de la demi-cassure sera une répartition plus égale de la sève entre les deux parties du rameau, mais cette répartition ne sera pas égale entre les boutons de chaque partie ; ceux du sommet auront une tendance à se développer en bourgeons et ceux de la base à rester endormis.

Mais supposons, ce qui n'arrivera *jamais* que, comme le dit M. du Breuil, tous les boutons du rameau aient *également* grossi. La cassure s'est cicatrisée, le rameau est conservé en entier à la taille d'hiver. Que se passera-t-il pendant la troisième végétation ?

Tous les boutons sont du même âge, ils ont la même force. La sève ira plus abondante dans les boutons *supérieurs* et les mettra à fruit, tandis que les boutons inférieurs resteront en formation. C'est absolument le contraire qu'enseigne M. du Breuil. Je cherche en vain par quels principes, il explique l'état stationnaire des boutons supérieurs à la cassure, pendant leur troisième végétation.

3° *Brindilles faibles ou de vigueur moyenne*. Ces brindilles sont cassées à 12 centimètres de leur base ; leur mise à fruit se fait d'elle-même à la troisième végétation, comme celles des rameaux de vigueur moyenne.

Les Brindilles se couronnent en effet souvent d'elles-mêmes, d'un bouton à fruit, mais
il lui arrive quelquefois aussi d'avoir besoin
pour aboutir vite, d'un traitement suivi et
attentif, tant il est vrai qu'il y a plus d'une
différence entre la vérité des faits et les
traités d'arboriculture.

J'arrête ici ma critique qui a été un peu
longue ; mais en face de l'auteur le plus ancien, le plus complet et le mieux écouté de
notre école moderne, il fallait convaincre
mes lecteurs que la question de la mise à
fruit du poirier n'a pas encore été traitée
en toute rigueur : cette démonstration profitera peut-être à la science et au progrès
en stimulant l'attention des maîtres.

ARTICLE III

LES AUTEURS CONTEMPORAINS

Les traités d'arboriculture sont nombreux
et plusieurs sont l'œuvre d'hommes habiles,
savants, capables à la fois de bien écrire et
d'exercer leur métier ; c'est une des rares
professions qui sache professer et cependant
je suis obligé de faire beaucoup de réserves
sur la question qui fait l'objet de ce livre.

Je dois beaucoup de reconnaissance à M.
Gressent, j'ai eu l'avantage de suivre ses

cours, j'ai étudié son traité lors de son apparition en 1862, et j'ai subi l'enthousiasme qu'il sait inspirer par ses promesses, son ton affirmatif et les résultats qu'il dit avoir obtenus.

Aujourd'hui, la lecture de son ouvrage me laisse un peu plus calme parce que l'expérience m'a appris que son enthousiasme ne lui a pas permis d'apercevoir les contradictions et les lacunes que présente son enseignement. Ses intentions sont bonnes, ses promesses encore meilleures, mais sur le sujet qui nous occupe, sa doctrine manque absolument de précision : ainsi, il n'y a de net que son pincement de la première année, à l'occasion duquel il laisse exhaler sa sainte horreur du pincement mécanique : c'est bien. Mais dès la seconde année l'obscurité est complète.

A quelle longueur, par exemple, faut-il tailler le prolongement ? Aucun renseignement. — Quel pincement opérer sur cette branche à fruit qui attend nos soins? M. Gressent n'en a cure. Aussi est-ce avec un profond ébahissement que nous apprenons de lui qu'à la fin de cette 2ᵉ année toutes ces productions fruitières, rameaux, brindilles, dards et simples boutons, tout cela s'est mis à fruit comme par enchantement ; et en effet, une magnifique branche, tout enguirlandée de séduisants boutons, apparaît sur le papier comme dans une scène de prestidigitation.

Pour comble, cette jolie gravure trahit une singulière distinction de la part de l'auteur : sur sa branche à fruit, il place les boutons tout à l'inverse de ce qui se passe sur les arbres, les gros boutons en bas de la branche à fruit, et les petits en haut. Et cependant si on n'étudie et si on ne connaît pas la nature, comment prétendre à la diriger ?

Quant à chercher à constituer des branches à fruit saines, vigoureuses, à les entretenir, à les rajeunir, M. Gressent ne s'en occupe pas.

On me répondra à cela que c'est déjà bien beau d'avoir allumé le feu sacré d'un bout de la France à l'autre, dans les casernes et dans les presbytères, dans les écoles et dans les fermes, d'avoir encouragé et répandu peu d'erreurs, au contraire d'avoir propagé beaucoup d'idées justes, j'en conviens, mais ce n'est pas encore chez ce brillant et fécond écrivain que nous trouvons la législation du bouton à fruit.

M. Hardy, qui a précédé M. Gressent dans la carrière, a été un maître dans l'enseignement et rien n'est vraiment plus magistral que son cours : il laisse peu de questions sans réponse satisfaisante ; sur la question de la forme à donner aux arbres il est surtout d'une précision à faire la joie des novices et il a le secret d'un langage aussi élégant que précis.

Mais je lui ferai le même reproche qu'à ses émules. de trop s'en rapporter à l'arbre et au temps pour amener la mise à fruit des poiriers : son siège a été fait en 1853, lors de sa première édition et il n'est plus revenu sur le sujet.

M. Laujoulet a été surtout professeur et il l'a été éminent : il avait la passion d'instruire et de convaincre, et il en possèdait l'art suprême par son habileté à mettre les principes en lumière à l'aide des faits bien observés : c'est le philosophe de l'Horticulture française : il ne se payait pas de mots.

Sur la question de la branche à fruit, on ne peut lui faire qu'un reproche : il est trop bref, son enseignement est trop sommaire, n'embrassant que les principes généraux, de sorte qu'il reste encore bien des cas de conscience à élucider et bien des problèmes à résoudre : on ne peut faire mieux que lui qu'en épuisant la question et en faisant rendre toutes leurs conséquences aux principes qu'il a si bien mis en évidence.

M. Forney, autre professeur habile et savant, a abordé cette question, moins nettement et moins lumineusement dans son cours que dans une note qui a paru en 1885 au *Journal de la Société nationale d'Horticulture*, à Paris : il s'y plaint avec raison qu'on ait négligé trop longtemps cette question capitale de la mise à fruit du poirier et il essaye de la résoudre : je louerais sa tentative sans aucune restriction si à la grande science du détail et au vrai esprit d'observation dont il fait preuve, il avait joint la large méthode de M. Laujoulet.

On peut dire après cela, avec de tels

hommes, que la question est ouverte. Je me permettrai, pour mon compte, de pré-senter ma méthode, sans prétendre mieux faire que mes prédécesseurs, mais avec l'espoir d'ajouter quelque chose à leurs travaux et de contribuer au progrès, en profitant de leurs idées.

CONCLUSION

Traitement de la branche à fruit du poirier et du pommier

D'APRÈS LA MÉTHODE NATURELLE

Trente ans de pratique horticole et l'étude approfondie de toutes les théories connues me permettent, je crois, d'exposer ma propre méthode ; elle est faite de ce que j'ai trouvé de mieux chez les maîtres et de ce que j'ai observé de certain et de constant dans la nature, sur les arbres, qui sont les meilleurs maîtres.

Le type de la branche charpentière du poirier et du pommier est une branche forte, d'une végéttion vigoureuse, couverte, mais sans confusion, de branches à fruit ou productions fruitières, depuis la base jusqu'au sommet.

Comme les termes n'ont de valeur qu'autant qu'on leur en donne, je vais d'abord expliquer ceux que j'emploierai dans tout cet exposé de ma méthode.

La *branche à fruit* ou *production fruitiére* est cette branche qui repose directement sur la branche charpentière : cette production ne présente pas toujours le même aspect et le même caractère ; à l'extrémité de la coupe, au-dessous du prolongement elle est *rameau* , qu'on sera obligé de pincer : c'est celle-là surtout qui mérite le nom de branche à fruit et qui y sera amenée par les opérations de l'arboriculteur ; en descendant vers la base, elle est de moins en moins vigoureuse et s'appelle *brindille*, puis *dard*, puis simple *bouton* : ce sera la nature qui le plus souvent, si elle n'est pas trahie par l'arboriculteur, les mettra elle-même à fruit.

La *lambourde* est le bouton à fruit lui-même, avec le pédoncule plus ou moins grand et plus ou moins ridé, qui le supporte. J'appelerai *porte-lambourde* le rameau pincé que j'aurai amené à fruit : je chercherai par ma taille à produire plutôt des *porte-lambourde* que des *brindilles* et des *dards* : ceux-ci cependant, avec le temps et les soins peuvent devenir plus vigoureux et mériter le nom de branches à fruit *porte-lambourde*.

De plus, nous devons poser en principe un fait constant, sur lequel les auteurs ne sont ni assez nets, ni assez affirmatifs, quand ils ne sont pas en contradiction les

uns avec les autres et souvent avec eux-
mêmes : c'est lui qui fait la base même de
mon traitement de la branche à fruit, le
voici :

Le poirier et le pommier forment RÉGU-
LIÈREMENT leurs boutons à fruit sur le bois
de l'*année précédente*, par conséquent on
peut attendre d'une branche à fruit qu'à la
fin de sa *seconde végétation* elle présente
un bouton à fruit et qu'à sa *troisième*, elle
porte le fruit, c'est à ce résultat qu'il faut
tendre. Pour chercher une comparaison
avec d'autres genres d'arbres, nous dirons
que la branche du pêcher est en train de
former son bouton à fruit à sa *première*
végétation et qu'elle porte son fruit à la
seconde.

Exceptionnellement même le poirier se
comportera comme le pêcher, c'est-à-dire
que sa branche à fruit, la brindille, le dard
et le simple bouton, surtout, peut montrer son bouton à fruit à la fin de sa première végétation et donner ses fruits à la
seconde. Cela arrive sans qu'on puisse s'en
étonner (1).

_____

(1) Un fait plus étonnant et qui n'en prouve que
mieux l'aptitude des arbres à pépin à se mettre à
fruit très rapidement a été observé dans une pépi-
nière de Bougival, chez M. Couturier-Mention en
1882. Un œil de Calville posé en écusson à la fin
de la campagne 1881, et partie au printemps de
1882, a produit cette même année-là une magnifique pomme de 30 centimètres de circonférence : ce
qui n'a pas empêché le scion d'atteindre 1m65.
Page 303 de la *Revue Horticole* de 1883 (note de
l'Editeur.)

Assez souvent, les boutons mettent 3, 4, 5 végétations pour opérer leur transformation, et beaucoup périront avant de l'avoir faite : ce fait étonne, hélas ! moins encore que les précédents ; les causes en sont multiples, l'art doit chercher à les conjurer : c'est une raison de plus de procéder à un traitement plus rationnel et mieux suivi de la branche à fruit.

Cela dit, je vais exposer année par année les opérations à l'aide desquelles je prétends obtenir de fortes branches charpentières, de bonnes branches à fruit et des fruits, régulièrement la troisième année.

Je dirai pour chaque année 1° le but, 2° les moyens.

PREMIÈRE ANNÉE DE VÉGÉTATION

I. — But.

Mon but est de former cette année le commencement de bonnes branches charpentières et pour cela d'obtenir des pousses vigoureuses : ces pousses ne seront jamais trop fortes ; disons-en autant des prolongements qui les continueront d'année en année : 1° parce que le prolongement est la mère nourricière de toute la branche à laquelle il sert d'appel de sève ; 2° parce qu'il doit continuer cette branche et en perpétuer la vigueur.

II. — Moyens.

Je me suis bien gardé de toute opération dont le résultat aurait été d'affaiblir le prolongement ou d'en ralentir la végétation, comme l'aurait fait le pincement ou l'inclinaison de la pousse. Ces opérations, sauf des cas rares et exceptionnels, sont, en arboriculture, de véritables contresens. Quant au renversement dont l'effet direct est, à courte échéance, l'anéantissement de la branche, c'est une monstruosité à l'usage des empiriques qui se sont donné la mission d'exterminer les arbres.

Les prolongements, doivent, autant que possible, se rapprocher de la verticale.

DEUXIÈME ANNÉE DE VÉGÉTATION

I. — But.

Il faut, pendant la seconde végétation : 1° Obtenir, au sommet du prolongement de la branche charpentière, un nouveau prolongement aussi vigoureux que le précédent ; 2° Préparer, sur toute la longueur de la pousse de l'année précédente, des productions fruitières, *vivaces* et distantes de 6 centimètres environ.

Je ne considère comme *vivaces* que les productions fruitières obtenues sur rameaux, sur brindilles ou sur dards. Quant à celles qui reposent directement sur la branche charpentière, elles ne fructifient, et surtout ne *durent*, qu'autant qu'elles y adhèrent par un très large empatement. Toutes celles qui ne remplissent pas ces conditions ne donnent *ordinairement* que des fleurs et disparaissent en 2, 3 ou 4 ans.

II. — **Moyens.**

Premier moyen. — Taille des prolongements.

Si j'avais conservé le prolongement tout entier, je n'aurais obtenu ni l'un, ni l'autre résultat. Le nouveau prolongement aurait perdu, en moyenne, la moitié de sa vigueur, et l'ancien aurait eu sa base complètement dégarnie.

J'ai donc taillé les prolongements.

Pour déterminer la longueur des tailles, j'ai pris conseil de chaque branche et de sa vigueur : en somme, je dois m'estimer heureux si je puis obtenir cinq ou six productions fruitières vigoureuses : avec 6 centimètres d'intervalle, cela exige en moyenne une taille de 30 à 40 centimètres sur un bouton bien constitué.

J'ai choisi un bouton à bois, situé en arrière. Il m'est arrivé quelquefois de tailler sur un bouton à fruit. Je ne le fais que quand que je n'ai pas le choix, tous les boutons du prolongement étant à fruit. Je subis une nécessité, et, pour y remédier, j'enlève toutes les fleurs sur leur pédoncule dès qu'elles se sont montrées. De la base du bouton, il sort un bourgeon avec lequel j'élève un prolongement dont la vigueur a bientôt égalé celle des autres.

Deuxième moyen. — Incisions au-dessus des boutons inférieurs.

Les bourgeons que je veux obtenir sur le

prolongement devront être, autant que possible, de force égale, excepté cependant le bourgeon supérieur qui doit les surpasser tous en vigueur. Or, la sève, se portant de préférence dans la partie supérieure du rameau, rendrait l'égalité impossible, si on ne la retenait dans la partie inférieure à l'aide d'entailles, ou plutôt de simples incisions, faites au-dessus des boutons de la base. Une simple incision à la serpette suffit quand on opère de bonne heure, c'est-à-dire avant le réveil de la végétation.

Troisième moyen. — Ebourgeonnement des pousses trop rapprochées.

Les prolongements sont taillés, les boutons inférieurs ont reçu une incision, la sève s'est éveillée, et tous les boutons ont commencé leur évolution. Je veux obtenir des rameaux équidistants, à environ 6 centimètres les uns des autres. Or, les bourgeons sont ordinairement trop serrés. Si je les laisse tous croître, je serai obligé d'en abattre quelques-uns à la taille prochaine. Je veux éviter cette opération. Pour cela, j'enlèverai tous les bourgeons qui feraient confusion, soit au point où le prolongement sortira, soit sur les autres parties de l'arbre. Je supprimerai, avec la lame du greffoir, dès qu'ils auront un centimètre, les bourgeons mal placés, les bourgeons inutiles provenant des yeux stipulaires, et les bourgeons adventices.

Enfin, quand les bourgeons seront deux on trois au même endroit, je n'en conserverai qu'un seul. Le bourgeon conservé sera le plus fort ou le plus faible selon la vigueur que la pousse doit avoir. Si, par exemple, les boutons multiples sont situés au sommet, je garderai pour prolongement le bourgeon du milieu qui est le plus vigoureux ; s'ils sont au-dessous du bourgeon de développement, je conserverai le plus faible.

L'ébourgeonnement économise la sève, l'arbre et le temps de l'arboriculteur. Je ne puis trop le recommander.

Quatrième moyen. — Soins des bourgeons de prolongement.

Les prolongements étant préparés par la taille, les incisions et l'ébourgeonnement, quelles opérations dois-je faire pour qu'ils soient à la fin de la végétation, terminés par une pousse vigoureuse et couverts de rameaux de force moyenne, à peu près égale ?

Le bourgeon supérieur sera l'objet de soins spéciaux ; la végétation des bourgeons inférieurs sera ralentie par le pincement, et, au besoin, activée par des incisions.

La taille des prolongements a été faite à la SERPETTE, c'est une condition ESSENTIELLE. La coupe a été enduite de mastic. Aussi cette coupe sera promptement recouverte, et, à la fin de l'année, il n'en restera plus trace. Mes arbres n'ont pas la moindre plaie. Cette absence de plaies est une des principales causes de leur grande vigueur.

Je veillerai sur la jeune pousse. 1° Je la défendrai contre les vers qui souvent élisent domicile sur elle, soit à sa base sous les écailles qui la recouvrent, soit entre ses feuilles naissantes. 2° Je ferai la guerre aux fourmis, aux coupe-bourgeons, et aux pucerons. 3° Je ferai croître le bourgeon verticalement, attaché par un jonc à un latte directrice. Quand une branche, s'élève au-dessus de la latte, je laisse au-dessus du bouton terminal, un chicot, d'environ 5 centimètres. Ce chicot sert de tuteur à la jeune pousse. Il est supprimé à la taille suivante. 4° Enfin, je protégerai le bourgeon supérieur contre le bourgeon immédiatement inférieur. Celui-ci, n'ayant pas souffert du voisinage de la coupe, a une tendance à supplanter le prolongement. Je le pincerai de bonne heure, et même, quand son large empatement me menacera d'un gourmand, je le taillerai à l'écu pour utiliser le contre-œil.

Quelquefois il arrivera que ma vigilance sera en défaut ou que le bourgeon supérieur trompera mes espérances. Dans ce cas, je le supprimerai et je lui substituerai le bourgeon immédiatement inférieur. Mais, si ce bourgeon inférieur a déjà subi le pincement, ce qui arrive ordinairement quand le bourgeon supérieur a été coupé par un coupe-bourgeon, je n'aurai d'autre ressource que de tailler le bourgeon, victime de l'insecte, à un centimètre au-dessous de la coupe, sur un œil bien constitué, afin de former avec cet œil un nouveau prolongement.

Cinquième moyen. — Le pincement.

La sève se porte de préférence dans la partie supérieure des rameaux. Aussi les boutons du prolongement s'éveilleront-ils successivement de haut en bas.

Dès qu'un bourgeon aura 4 ou 5 feuilles *ayant un œil à leur base*, je le pincerai. Le pincement des bourgeons sera successif comme l'est leur évolution.

Après le pincement, ou bien le bourgeon cessera de croître, ou bien son œil supérieur deviendra un petit dard qui, quelquefois, à la fin de la végétation, se couronne par un bouton à fruit, ou bien enfin, l'œil supérieur partira et produira un ou plusieurs nouveaux bourgeons, des bourgeons anticipés.

Dans les deux premiers cas, il n'y a rien à faire. Dans le troisième cas, si le bourgeon anticipé est unique, je le pincerai sur une ou sur deux feuilles, et, si ce bourgeon donne lui-même un nouveau bourgeon, je recommencerai l'opération. S'il partait à la fois plusieurs bourgeons anticipés, je pincerais seulement le bourgeon supérieur, et, quand ce bourgeon pincé donnerait un nouveau bourgeon, je supprimerais, par la taille à l'écu, les bourgeons inférieurs.

Ordinairement les boutons inférieurs ne donneront que des pousses maigres. Ces pousses deviendront brindilles ou dards. Je ne les pincerai pas lors même qu'elles atteindraient de 20 à 25 centimètres et même d'avantage sur les arbres vigoureux. Ces brindilles et ces dards se mettront quelque fois à fruit dès la première année. Si les yeux de la base restaient endormis, je renouvellerais les incisions.

Troisième année de végétation.

I. — But.

Le but de l'arboriculteur, pendant la troisième année de végétation, est d'obtenir des boutons à fruit sur toutes les productions qui se sont développées pendant la deuxième année de végétation.

Cependant ne nous étonnons pas de voir fleurir des boutons à fruit au commencement de cette troisième année, c'est régulier, nous avons posé plus haut ce principe.

Régulièrement, donc, il peut y avoir des boutons à fruit parmi les boutons situés à la base du rameau.

Il peut même s'en trouver à l'extrémité des dards, des brindilles, et même des rameaux qui ont subi le pincement.

Tous ces boutons seront conservés ; ils sont de bonne prise. C'est une année de gagnée. Je n'ai point à m'en occuper, mais leur présence m'encouragera en me donnant lieu d'espérer que j'amènerai au même point la vraie branche à fruit, le rameau que j'ai pincé et traité l'année précédente. Mon travail, pendant la troisième année de végétation, consistera : 1° A obtenir la transformation en boutons à fruit d'un ou de plusieurs des boutons situés à la partie *moyenne* des rameaux pincés. 2° A opérer cette même transformation sur ceux des boutons de la base du rameau où elle n'a pas eu lieu.

II. — Moyens.

1° *Moyen de mettre à fruit les boutons endormis à la base des tailles des années précédentes.*

Le seul moyen à employer, c'est une entaille faite de très bonne heure. Quelquefois cette entaille provoquera le développement du bouton en rameau. Quelquefois elle amènera sa tranformation en boutons à *fleurs*, mais sans donner de fruits. D'autrefois elle sera sans résultat et le bouton s'éteindra.

Les boutons à fruit ainsi obtenus, ainsi que, ceux qui se sont formés directement sur la branche à la seconde végétation, donneront rarement des fruits. Je les nomme volontiers *boutons à fleurs*, parce que après la floraison, les fruits tombent, ne laissant qu'une petite bourse ordinairement stérile et souvent peu durable. On en voit maints exemples sur les arbres.

2° Moyen de transformer en boutons à fruit, pendant leur SECONDE VÉGÉTATION, *un ou plusieurs des boutons à bois des rameaux qui ont subi le pincement.*

Ces rameaux sont généralement sur le bois de deux ans. On les trouve quelquefois sur le bois d'un an, où ils ont été formés par le développement des boutons en bourgeons anticipés.

Quelle que soit la position des rameaux, le traitement est le même.

« De toutes les opérations, écrivait en « 1600 Olivier de Serres, la conduite du « brancharge est la plus importante. C'est « où gist la plus subtile maîtrise de leur « gouvernement. »

Je dirai la même chose des opérations dont je vais parler, opérations dont l'ensemble forme ce que je nomme *l'éducation du bouton à fruit.*

Cette éducation consiste à obtenir, *en une végétation,* la transformation en boutons à fruit d'un ou de plusieurs des boutons à bois situés sur les rameaux d'un an traités par le pincement pendant la végétation précédente ; ils deviendront ce que je nomme des *porte-lambourde.* J'écris *lambourde* au singulier, parce que à la taille, je ne conserverai qu'une lambourde sur chaque rameau.

Le type de la branche charpentière sera donc, comme je l'ai dit en commençant, une branche forte, vigoureuse, couverte, mais sans confusion, de *porte-lambourde,* depuis la base jusqu'au sommet.

Tous les rameaux destinés à devenir porte-lambourde ont subi, outre le pincement fait l'année précédente, une seconde opération préparatoire, celle de la taille opéré sur 3, 4, ou 5 boutons, selon leur vigueur, pendant le repos de la végétation.

Je vais exposer les règles générales, j'en ferai ensuite l'application aux rameaux figurés dans le petit tableau ci-joint.

Les boutons conservés sur le rameau destiné à devenir porte-lambourde sont de deux sortes : les boutons supérieurs qui se développeront à bois, et les boutons inférieurs qui se mettront à fruit. Ces derniers sont des *boutons en nourrice* auxquels les boutons supérieurs se chargent, *avec le concours de l'arboriculteur,* de fournir la nourriture nécessaire et suffisante pour leur transformation. J'appelle les boutons supérieurs *mères-nourricières.* Ce nom désigne parfaitement leur fonction, qui consiste à attirer la sève dans le rameau, et, par le moyen des pincements, à la refouler dans les boutons en nourrice.

Ceci bien compris, voici comment j'opère.

Au réveil de la végétation, le bouton supérieur du futur porte-lambourde part en bourgeon vigoureux, et quelquefois un ou même deux des boutons inférieurs suivent son exemple.

Il faut bien se garder de compromettre ses réserves, c'est-à-dire les boutons en

13

nourrice, par un pincement précipité qui les ferait partir à bois. Aussi, dès le début, je pince avec une grande modération, en tenant compte et de la vigueur du rameau et de l'abondance de mes réserves.

Si trois bourgeons se développent à la fois, je pince d'abord celui du sommet, et quelques jours après celui du milieu. Si le rameau donne deux bourgeons, je pince seulement le bourgeon supérieur.

Si le rameau n'a qu'un bourgeon. je le pince.

Mon but, dans le pincement des mères-nourricières sur le porte-lambourde, est essentiellement différent de celui que je voulais obtenir l'année précédente en pinçant ces mêmes productions qui n'étaient encore qu'à l'état de bourgeon; je cherchais alors à équilibrer toutes les pousses, depuis le sommet jusqu'à la base, et à faire développer tous les boutons. Je voulais du bois; cette année je veux du fruit ou du moins un bouton à fruit. C'est pourquoi, sur le porte-lambourde, je m'efforce de refouler la sève dans les yeux en nourrice, assez pour opérer la transformation de ces yeux en boutons à fruit, mais pas trop, de peur de les faire partir en bourgeons.

Le pincement de l'année précédente était une opération mécanique ; celui de cette année est une œuvre d'intelligente appréciation. Aussi ne peut-on fixer les époques auxquelles se doivent faire les pincements successifs des mères nourricières. L'essentiel, au début de la végétation, est de ne pas opérer trop tôt. En général, je fais le premier pincement quand la pousse supérieure a de 15 à 20 centimètres.

Je n'écrase pas l'extrémité herbacée du bourgeon, comme on le pratique sur les pousses du prolongement afin d'en retarder le plus possible la reprise et comme je le pratiquais l'année précédente sur ces porte-lambourde à leur début. Au contraire, je taille avec précaution sur un œil *bien constitué*, sur le deuxième ou sur le troisième, peu importe, afin que cet œil donne bientôt un bourgeon anticipé, que la sève ne soit point trop longtemps arrêtée dans les boutons en nourrice, et qu'elle ne les fasse point partir à bois.

Quand le rameau n'a poussé qu'un bourgeon, le pincement de ce bourgeon fait ordinairement partir à bois l'œil inférieur, qui devient mère-nourricière.

Quand le rameau a poussé deux ou trois bourgeons, le pincement d'un des bourgeons ne fait pas ordinairement partir à bois les boutons en nourrice, parce que la sève est absorbée suffisamment par le bourgeon conservé. Ces boutons grossissent ; quelquefois cependant, sur les espèces vigoureuses, l'un d'eux se transforme en dard ou en brindille.

Quelques jours après le pincement, la végétation recommence dans le bourgeon pincé, et son œil supérieur donne un bourgeon anticipé. Le porte-lambourde se retrouve avec deux mères-nourricières en activité, qui absorbent toute la sève au détriment des boutons en nourrice. Je pince alors, mais *alors seulement,* la mère-nourricière inférieure.

Les conséquences de ce nouveau pincement sont les mêmes que celles du premier. Une partie de la sève qu'absorbait la mère-nourricière inférieure se porte, après le pincement, dans le bourgeon anticipé de la mère-nourricière supérieure, l'autre partie reste dans les boutons en nourrice et concourt à leur transformation. Dans les arbres et sur les rameaux de vigueur moyenne, la mère-nourricière inférieure ne donne pas de bourgeon anticipé, et il suffit de laisser pousser la mère-nourricière supérieure, jusqu'à ce qu'on l'abatte, *en juillet,* par la taille en vert.

Mais sur les arbres et sur les porte-lambourde vigoureux, un bourgeon anticipé se formera sur la mère-nourricière inférieure et obligera à un nouveau pincement de la mère-nourricière supérieure.

Pendant toute la première sève, il faut conserver une des mères-nourricières en activité, et par des pincements alternatifs, modérer cette activité, dans l'intérêt des boutons en nourrice.

Quand la sève se ralentit, en général, vers le milieu de juillet, quelquefois un peu plus tôt, d'autres fois un peu plus tard, suivant l'état de la végétation, il faut pourvoir à la nourriture du bouton en nourrice. Pour cela, j'abats la mère-nourricière supérieure, et je taille en vert la mère-nourricière inférieure sur un bon œil.

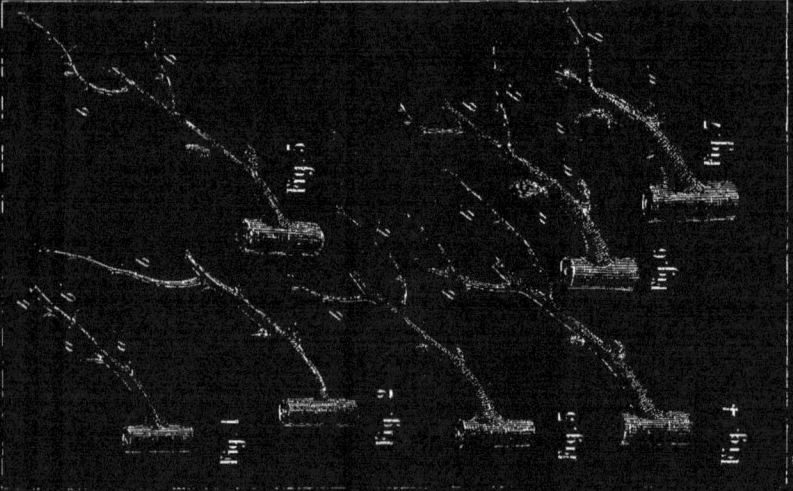

Fig. 1   Fig. 2   Fig. 3   Fig. 4   Fig. 5   Fig. 6   Fig. 7

Cette opération est très importante, car elle assure aux boutons en nourrice l'air, la lumière, la nourriture, qui achèvent leur mise à fruit.

Dès que la formation du bouton à fruit est PARFAITE ET CERTAINE, je supprime les mères-nourricières à un centimètre au-dessus du bouton BIEN FORMÉ, et, si deux ou plusieurs boutons se sont formés sur un même porte-lambourde, je ne conserve que le bouton inférieur.

Toutes les opérations de l'éducation du bouton à fruit consistent donc dans les pincements alternatifs des bourgeons supérieurs du porte-lambourde, afin de faire refluer la sève dans les boutons inférieurs. Quand les rameaux sont très vigoureux, il est à craindre que la sève trop attirée vers les sommets ne délaisse les boutons du bas. Le demi-cassement, fait au milieu du rameau, a pour but et pour résultat de modérer l'élan de la sève et de compléter l'action des pincements successifs.

Comme conclusion, je puis dire qu'avec le pincement alternatif, quand l'arbre porte des boutons à fruit sur le bois de deux ans, j'en obtiens *régulièrement*, à la fin de la seconde végétation, sur le porte-lambourde. Ces boutons sont situés soit sur brindilles, soit sur dards, soit directement sur le rameau. Tous les ans, mes arbres en font foi. Un arbre, qui servait de sujet à ma leçon pratique, et que j'avais fait photographier, avait sur toutes ses branches des porte-lambourde, avec fleurs, sur le bois de deux ans.

J'ai dit *régulièrement*, car le succès n'est pas certain. Aussi, tant que les boutons ne sont pas COMPLÈTEMENT FORMÉS, ai-je soin de conserver, sur la mère-nourricière, des yeux en nombre suffisant pour servir d'appel de sève, quand, l'année suivante, je recommencerai l'opération.

Telles sont les règles générales. En voici l'application faite à un rameau figuré dans le tableau ci-joint. Ce rameau assez vigoureux a été cassé à la taille d'hiver sur 4 boutons bien formés (*fig. 1*). Je désigne par *b*, *b'*, les mères-nourricières, par *a*, *a'*, les boutons en nourrice, au-dessous desquels sont des yeux latents ou rudimentaires. Ce rameau eût pu recevoir un demi-cassement à son milieu.

Au printemps, la mère-nourricière supérieure *b* se développera ; je la pincerai sur 2 yeux, quand elle aura de 15 à 20 centimètres (*fig. 2*).

Si les deux mères-nourricières *b*, *b'*, se développaient à la fois, je les laisserais pousser simultanément et je n'opérerais le pincement de *b* que quand il aurait la longueur ci-dessus (fig. 3).

(Si le bouton en nourrice supérieur *a* était lui-même parti à bois, et *non en brindille ou en dard*, je pincerais d'abord *b*, puis, quelques jours après, *b'* ; et, quand *b'* aurait un bourgeon anticipé, je supprimerais *b*.)

Le pincement de la mère-nourricière

supérieure *b* provoquera le développement en bourgeon de la mère-nourricière inférieure *b'*. En même temps, les boutons en nourrice *a* et *a'* commenceront à grossir (*fig. 4*).

Mais bientôt la sève, qui toujours se porte aux extrémités, développera l'œil supérieur de *b* en bourgeon anticipé. Je pincerai alors *b'* sur deux yeux. Nouvel arrêt qui profitera au bouton *a* et *a'*. (*fig. 5*).

Si, comme le rameau est vigoureux, *b'* donnait un bourgeon anticipé, je pincerais la mère-nourricière *b*, et je ne conserverais comme tire-sève que le bourgeon de *b'* (*fig. 6*).

Quand la sève se ralentira vers la mi-juillet, j'abattrai la mère-nourricière *b* et je taillerai *b'* sur un œil (*fig. 7*).

Il n'y aura point à craindre que les yeux en nourrice *a* et *a'* partent alors à bois. Souvent le supérieur *a* se mettra d'abord à fruit. Je taillerai le rameau à un centimètre au-dessus de *a*. Si le bouton inférieur *a'* se mettait aussi à fruit, je supprimerais le supérieur *a*.

L'œil supérieur *a* est devenu un bouton à fruit dans d'excellentes conditions. Il fructifiera l'année suivante.

Le bouton terminal des dards et des brindilles devrait se mettre à fruit sans le secours d'aucune opération. Mais, assez souvent, ce bouton se développera en bourgeon. Dans ce cas, on le pincera sur le dard, et il servira de mère-nourricière aux boutons inférieurs. Quant à la brindille, elle sera cassée sur trois yeux, comme les pousses faibles, et sera traitée comme un rameau ordinaire.

QUATRIÈME ANNÉE DE VÉGÉTATION

I. — Bat.

Il faut, la quatrième année :

1° Donner aux boutons à fruit des porte-lambourde, les soins nécessaires pour mener à bonne fin leur fructification.

2° Sur ces mêmes porte-lambourde, obtenir, au-dessous des fruits en formation, un nouveau bouton fructifère pour l'année suivante.

3° Continuer ses soins à ceux des rameaux sur lesquels la méthode n'a pas donné les résultats espérés.

II. — Moyens.

1°. — *Pour assurer la fructification.*

Il y a loin de la fleur au fruitier. L'arboriculteur, qui abandonne à la nature le soin de protéger les fleurs et les fruits, voit souvent ses espérances déçues.

1° La fleur demande la protection contre les vers qui s'établissent à la base du bouton, ou au milieu de son bouquet. 2° Dans beaucoup d'espèces, les fleurs s'épuisent et s'affament les unes les autres par leur multiplicité.

Je pare à tous ces inconvénients par la suppression des fleurs situées au centre du bouquet. Aussi chaque bouton, sur mes arbres n'en conserve-t-il que cinq ou six.

2° Si tous les fruits viennent à nouer, je ferai d'abord une première suppression et ne conserverai que trois ou quatre fruits sur bouton vigoureux, 1 ou 2 sur bouton faible ; puis, en juin, quand la chute naturelle des fruits ne sera plus à craindre, je ne conserverai qu'un ou deux fruits sur chaque lambourde, tenant compte de la grosseur de ces fruits, de la vigueur de la branche qui les porte, et de la somme des produits de l'arbre tout entier.

2°. — *Pour obtenir un nouveau bouton à fruit sur le porte-lambourde.*

Au-dessous des boutons à fruit qui vont fleurir et porter, il y a un ou plusieurs boutons plus ou moins développés.

Ces boutons sont des boutons en nourrice auxquels le bouton à fruit sert de mère-nourricière.

Sur le bouton à fruit, il se présentera ordinairement une ou deux pousses à bois, j'en supprimerai une, et je pincerai l'autre sur deux yeux.

Soit que les fruits tiennent, soit qu'ils ne tiennent pas, les opérations seront les mêmes ; et, comme résultat, j'aurai *ordinairement*, à la fin de la végétation, une seconde récolte toute préparée sur le porte-lambourde.

3°. — *Pour mettre à fruit les rameaux qui se sont montrés rebelles à la méthode.*

Ma méthode n'est pas infaillible, et je suis moins heureux que M. Gressent. Dès la seconde année, il obtient sur le bois d'un an, de la base au sommet, une véritable guirlande de boutons à fruit qui ont la bonne pensée de se former à la naissance même des rameaux. J'avoue que jamais je n'ai trouvé sur un arbre la branche qui a servi de modèle à la figure que M. Gressent reproduit invariablement, depuis 25 ans, dans ses éditions successives. Cette branche, je crois, est encore à faire.

Je dirai la même chose des branches dont on voit l'image dans le traité de M. du Breuil. On ne trouve pas, sur ces branches, un seul bouton à fruit, soit sur dards, soit sur brindilles, soit sur rameaux de *un* ou de *deux* ans. Mais en revanche, tous les boutons de *trois* ans, tous sans exception aucune, sont devenus boutons à fruit.

Ces dessins sont de la pure fantaisie. La nature n'y est pour rien, un artiste seul les a inventés pour le besoin de la théorie.

Pour moi, quand le bouton à fruit n'est pas formé sur un rameau, je traite ce rameau comme un rameau d'un an, c'est-à-dire que je le taille ou casse sur 4 ou 5 boutons, et je renouvelle sur lui, pendant la troisième végétation, les opérations que j'avais faites pendant la seconde.

Quant aux boutons endormis, ou aux lambourdes reposant directement sur la branche, je leur fais une entaille afin d'obtenir, s'il est possible, un rameau à bois.

CINQUIÈME ANNÉE DE VÉGÉTATION

I. — But.

Pendant la cinquième végétation et les végétations suivantes, les opérations de l'arboriculteur ont pour but :

1° La mise à fruit des rameaux rebelles ;
2° La formation des nouveaux boutons à fruit sur les porte-lambourde fructifères ;
3° La conservation et l'entretien des lambourdes, quand elles sont établies à la base des rameaux.

II. — Moyens.

1°. — *Pour mettre à fruit les rameaux rebelles.*

La formation des boutons à fruit sur un arbre résulte d'un *ensemble* de conditions sur plusieurs desquelles l'arboriculteur est sans action. Si les conditions n'ont pas été favorables, l'arbre n'aura produit aucun bouton à fruit ni sur les rameaux, les dards ou les brindilles, ni sur les boutons reposant directement sur la branche. Dans ce cas, l'arboriculteur n'aura pas été plus habile que la nature, et les porte-lambourde n'auront pas de boutons à fruit.

Je leur continue le même traitement, observant toutefois que plus un rameau s'éloigne du sommet de la branche, moins il est disposé à s'emporter. Ce qui me permet d'être un peu plus sévère dans les pincements.

2°. — *Pour former de nouveaux boutons à fruit.*

Quand, sur le porte-lambourde qui a donné du fruit, il y a, au-dessous de la lambourde, un nouveau boufon à fruit, je taille le porte-lambourde à un centimètre au-dessus de ce bouton.

Quand le bouton situé au-dessous de la lambourde est resté en formation, je conserve la bourse dont je coupe la partie spongieuse, je taille sur un bouton le petit rameau poussé sur la bourse. La bourse et ce rameau servent de mère-nourricière aux boutons inférieurs:

3°. — *Pour conserver et entretenir les lambourdes.*

Après chaque fructification nouvelle, la lambourde se rapproche de la base du rameau. Le porte-lambourde, qui, dans le principe, avait de 10 à 15 centimètres, n'en a que 4 ou 5. Il a donné 3 ou 4 récoltes, et il est de force à nourrir indéfiniment sa production fruitière.

Je taille alors ce porte-lambourde à la *serpette* immédiatement au-dessus de la lambourde. La plaie, enduite de mastic, se cicatrise complètement dans le cours de l'année

Quant à la lambourde, elle se ramifiera successivement d'année en année. Je pourrai lui laisser, selon sa vigueur, deux ou trois boutons à fruit, et je lui donnerai les soins ordinaires pour sa conservation et pour son entretien.

ÉPILOGUE

La méthode que je viens d'exposer a subi une épreuve qui en fait ressortir toute la valeur.

Publiée, dans une édition spéciale, au regard de la photographie d'un poirier traité d'après elle, il s'est trouvé que la méthode et la nature étaient en conformité parfaite.

La fructification de cet arbre photographié, commencée quelquefois dès la deuxième année, ordinairement la troisième, se continue les années suivantes, en sorte qu'elle est aussi abondante sur le bois le plus âgé que sur le plus jeune, comme elle l'est de même aussi bien sur les porte-lambourde que sur les dards et les brindilles.

La nature jalouse de sa souveraine indépendance ne se laisse cependant jamais donner le mot d'ordre ; d'où il m'est permis de conclure, sans excéder, je crois, qu'on peut à juste titre donner à cette méthode le nom de *méthode naturelle*.

TABLE DES MATIÈRES

www.ingramcontent.com/pod-product-compliance
Lightning Source LLC
Chambersburg PA
CBHW070528200326

41519CB00013B/2983